中小学语文拓展阅读丛书

刘敬余 / 主编

李维艳 / 编

昆虫记

[法] 法布尔 / 著

秦 阳 / 译

U0383868

北京出版集团
北京教育出版社

图书在版编目（CIP）数据

昆虫记 /（法）法布尔著 ；秦阳译. — 北京 ：北京教育出版社，
2018.6（2024.5重印）

（统编语文教材指定阅读丛书 / 刘敬余主编）

ISBN 978-7-5704-0487-2

Ⅰ. ①昆…　Ⅱ. ①法…　②秦…　Ⅲ. ①昆虫学—青少年读物

Ⅳ. ①Q96-49

中国版本图书馆CIP数据核字（2018）第151262号

中小学语文拓展阅读丛书

昆虫记

KUNCHONG JI

刘敬余 / 主编

[法] 法布尔 / 著

秦　阳 / 译

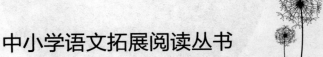

*

北 京 出 版 集 团　出版
北 京 教 育 出 版 社

（北京北三环中路6号）

邮政编码：100120

网　址：ｗｗｗ．ｂｐｈ．ｃｏｍ．ｃｎ

北 京 出 版 集 团 总 发 行

全 国 各 地 书 店 经 销

三河市国英印务有限公司印刷

*

710mm×1000mm　16开本　14印张　240千字

2018年6月第1版　2024年5月第11次印刷

ISBN 978-7-5704-0487-2

定价：29.80元

序言
Preface

　　随着社会科技的发展，人们已经有了更多的选择去填充自由闲暇的时光。有人沉浸于全民狂欢的某种游戏，有人着迷于喧嚣热闹的综艺节目……一杯茶、一盏灯、一本书，此情此境里，还有多少人愿意做那个捧书人呢？有些人已经物化为机械电子装置的一部分，不再喜欢简简单单的读书活动。

　　正是因为这样，国家才提倡"全民阅读"，提倡阅读经典。因为娱乐只是一场过境不停的风暴，真正跨越时间长河的是经典带来的最初的感动和肃穆的仪式感。所以，我国近些年的语文教育特别注重经典文学作品的阅读与考查。现在的教材更是提倡学生大量阅读世界文学经典，每个年级都列出了对应学生水平的阅读书目，提供阅读方法，为学生做出阅读规划，引领学生更轻松愉悦地阅读名著。

　　在这一背景下，我们策划了这套"中小学语文拓展阅读丛书"，邀请了众多名师共同研究新教材，根据新教材的特点，秉持"读名著　学语文"这一阅读理念，以名著常考考点为依据，为学生制订了阅读方案，通过各种栏目帮助学生更好地阅读名著、理解名著，以期让学生得到更丰厚的收获！为此，我们做了以下工作：

一、根据最新教材选择书目

　　根据最新语文教材为学生选择书目，并与课本教材规定的年级基本对应，让学生根据教材进行同步阅读，更有利于学生的阅读与学习。

二、邀请名师结合考试考点制订名师导读方案

为了帮助学生更好地理解名著，更充分地备考，我们邀请名师结合考试中的名著常考考点为学生制订了一整套阅读方案，包括作家与作品、内容简介、主要人物、写作的艺术等。这套阅读方案可以帮助学生快速而深刻地理解名著，把握常考考点，提高考试成绩，进而对名著产生更浓厚的兴趣。

三、精心讲解适合学生的阅读方法

新版语文教材强调阅读方法，为此，我们邀请名师专门根据新教材阅读推荐的部分，结合具体阅读内容，为学生讲解、总结适合他们现阶段阅读水平的阅读方法，比如精读法、跳读法、做读书笔记、摘抄、写阅读心得等。

四、制作"名师微课"，视频讲解名著中的考点

邀请名师分析各地历年考试真题，总结分析名著常考考点、题型，并根据常考考点对常考名著进行归纳总结，制作成视频课程，扫描书中二维码即可收看。

除此之外，本套书还配合新教材的阅读理念为学生设计了"我的阅读记录卡"，提出阅读建议，并在文后提供优秀的读后感。同时，为了提高学生的成绩，我们还提供了历年考试真题和阅读自我测试题，帮助学生把握考点，进行有针对性的阅读训练。我们希望通过我们的努力，为学生提供一套集鉴赏性和实用性为一体的经典名著阅读指导书，为学生阅读尽绵薄之力！

编　者

·阅读有方法·

经典名著是在时光的蚌壳中生成的珍珠，因岁月的积淀、文化的浸染而熠熠生辉。

那么，我们怎样阅读才能更好地把握名著，体会其熠熠光华呢？

著名学者胡适先生说读书要做到"四到"：眼到、口到、心到、手到。这对我们阅读名著有一定的启发。此外，现在考试对经典名著的考查不仅要求考生关注作品内容、主要人物、作品思想意义和价值取向，而且要求考生对作品有自己独特的感受和体验，通过阅读作品获得对自然、社会、人生的有益启示，这就更需要我们用"眼"读，用"口"读，用"心"读，用"笔"读。

具体来说，我们可尝试从以下几方面入手：

一 关注名著的序、跋和回目等

读名著前先阅读序和跋，这样能让我们在最短时间内了解全书的大概内容、时代背景、作者情况和写作意旨，从而快速有效地理解作品。文学作品往往结构复杂，线索繁多，根据其回目，我们可以提纲挈领地把握全书结构，提取内容要点。

如足本《西游记》的第一回是"灵根育孕源流出　心性修持大道生"，第二回是"悟彻菩提真妙理　断魔归本合元神"，第三回是"四

海千山皆拱伏　九幽十类尽除名",第四回是"官封弼马心何足　名注齐天意未宁",第五回是……

每一个回目都是一个完整的故事。从孙悟空出世,写到孙悟空拜师;从孙悟空被封为弼马温,写到孙悟空大闹天宫……我们了解了回目名称,也就读懂了故事的发展过程。

二 跳读和精读相结合

根据阅读目的的不同,我们采用的阅读方法也会有所不同。

如果想要快速阅读文章以了解其大意,我们可以采用跳读的方法。跳读要求读者有选择地进行阅读,可跳过某些细节,或者对与阅读目的关系不太紧密的内容及某些不太精彩的章节只进行浏览,以求抓住文章的梗概,从而提高阅读效率。

比如古典名著往往回目众多,篇幅很长,其中一些描写人物外貌、打斗场面或环境气氛的语句,多多少少都有一些夸饰渲染的痕迹,我们如果只想了解大致情节,就可以采用跳读的方法,对这些内容一带而过。

如我们想要了解足本《西游记》第六回"观音赴会问原因　小圣施威降大圣"的大致情节,就可以对相关段落中孙悟空变化的鱼儿、二郎神变化的飞禽等繁复的外形描写进行浏览,一带而过。

而当我们需要对重要的语句和章节所表达的思想内容、塑造的人物形象做透彻理解、精准把握时,我们可以采用精读的方法,深入细致地研读,逐字逐句地理解、分析与感悟。精读时,我们要注重情感体验,对名著中的重要情节、精彩片段、话外之音细细品读,品味其构思的奇巧,揣摩其布局的精妙,欣赏其语言的优美,等等,进而获取情感体验,接受艺术熏陶。

如鲁迅《朝花夕拾》中《五猖会》一篇里有这样几段话:

我忐忑着，拿了书来了。他使我同坐在堂中央的桌子前，教我一句一句地读下去。我担着心，一句一句地读下去。

两句一行，大约读了二三十行罢，他说：

"给我读熟。背不出，就不准去看会。"

他说完，便站起来，走进房里去了。

我似乎从头上浇了一盆冷水。但是，有什么法子呢？自然是读着，读着，强记着，——而且要背出来。

当我们读到"我似乎从头上浇了一盆冷水"这一句时，结合当时的情境和自己的日常生活经历，仔细琢磨体会，就能感受到这个质朴而形象的比喻句中蕴含着作者当时的内心情感：作者在热切盼望着赶往会场时，却被父亲要求背书，这是多么无奈、失望和痛苦哇！

三 不动笔墨不读书

"不动笔墨不读书"是历代学者总结出来的读书经验，因此我们要养成做读书笔记的好习惯。做笔记有许多益处：助记忆、储资料、促思考、提效率。

（1）圈点勾画写批注

小到字词，大到重点、难点，我们都可在书上画线或做上各种符号；稍纵即逝的零思碎想，亦可在书的"天头""地脚"或其他空白处做眉批、脚注或旁批，以备参考。

如足本《水浒传》中"浔阳楼宋江吟反诗"一节中写道：

（宋江）乘其酒兴，磨得墨浓，蘸得笔饱，去那白粉壁上，挥毫便写道：

"自幼曾攻经史，长成亦有权谋。恰如猛虎卧荒丘，潜伏爪牙忍受。不幸刺文双颊，那堪配在江州。他年若得报冤仇，血染浔阳江口。"

宋江写罢，自看了，大喜大笑；一面又饮了数杯酒，不觉欢喜，自狂荡起来，手舞足蹈，又拿起笔来，去那《西江月》后，再写下四句诗，道是：

"心在山东身在吴，飘蓬江海谩嗟吁。他时若遂凌云志，敢笑黄巢不丈夫。"

宋江写罢诗，又去后面大书五字道："郓城宋江作。"

一位同学读及此处，便在文字旁边的空白处批注道：

触景生情，言为心声。宋江写在白粉壁上的诗虽然直白粗俗，却是心声的反映。"有感而发"想来是至理名言。

如此批注，可见这位同学是将自己"放入"了作品中，是读者与作品中的人物同呼吸、共命运的体现。同时，这位同学将自己的阅读感受真实地表述出来，有助于深入地理解作品。

（2）日积月累做摘抄

名著中总有一些精彩的语言，让我们回味无穷。

如足本《水浒传》中写武松：

身躯凛凛，相貌堂堂。一双眼光射寒星，两弯眉浑如刷漆。胸脯横阔，有万夫难敌之威风；语话轩昂，吐千丈凌云之志气。心雄胆大，似撼天狮子下云端；骨健筋强，如摇地貔貅临座上。如同天上降魔主，真是人间太岁神。

这段话运用了比喻、对偶、夸张等修辞手法，将武松的外貌描写得生动形象，使读者如见其人、如观其形。有同学在阅读时，将"身躯凛凛，相貌堂堂。一双眼光射寒星，两弯眉浑如刷漆"摘抄下来，不仅积累了素材，而且在写作时也可以学以致用。

我们在读到这些好的句子或精彩的情节时，也可以将其抄录到摘抄本上，这样随着阅读量的增加，积累的精彩句段也就会越来越多，对我们的阅读和写作都非常有帮助。

（3）条分缕析列提纲

在阅读名著的过程中，我们可以尝试概括出所读名著的要点、框架和故事梗概，或者写出某一章节的提要和基本内容，这样有助于培养我们的概括能力和表达能力。

如长篇小说《骆驼祥子》，利用列提纲的方法进行阅读可达到事半功倍的效果。《骆驼祥子》讲了旧北京人力车夫的辛酸故事，祥子买车经历了"三起三落"。

一起：来到北平当人力车夫，苦干三年，凑足一百块钱，买了辆新车。

一落：连人带车被宪兵抓去当壮丁。理想第一次破灭。

二起：卖骆驼，拼命拉车，省吃俭用攒钱准备买新车。

二落：干包月时，祥子辛苦攒的钱被孙侦探搜去。理想第二次破灭了。

三起：虎妞以低价给祥子买了邻居二强子的车，祥子又有车了。

三落：为了置办虎妞的丧事，祥子又卖掉了车。

由以上提纲很容易就可以看出祥子买车与卖车，不断奋斗又不断失败的过程。

（4）评析归纳写心得

写心得时我们不必拘泥于某一固定形式，或有感而发补充论证，或评论得失指摘错误，或自悟自得抒写情感，可随时将阅读中产生的想法、获得的感悟写作成文。

如读完《假如给我三天光明》后，有同学写了一篇感悟，片段如下：

读完海伦·凯勒的故事，我突然想起了法布尔笔下的蝉。我想，海伦·凯勒也像一只蝉吧，她因目盲而被圈于黑暗之中，不得见一缕阳光，一朵花红，一片云白……然而，岁月的黑暗没有消磨她的意志，没有让她气馁，她像一只在黑暗中努力生长的蝉，不断蓄积力量，只为有一天可以在太阳下嘹亮地歌唱。哦，不，她不能歌唱，可是，她羸弱的身体里发出的生命强音，不比任何一种歌唱都更嘹亮、更动人吗？

这位同学写的这段感悟，显然是有感而发，抓住了海伦·凯勒精神的实质，而且还能把《假如给我三天光明》和《昆虫记》两部名著结合起来，找到共同点。可见阅读量越大，思考越深入，我们越能对阅读的各种内容融会贯通。

以上是我们大致讲的一些阅读名著的方法。其实阅读方法还有很多，但是篇幅有限，不能穷尽，而且每个人的阅读水平、阅读目的不同，所采用的方法也会不同，这还需要同学们在阅读中逐渐摸索，不断钻研，从而更有效率地阅读名著，体会文学的魅力，提升自己的内涵和修养。

·名师导读方案·

1个基本知识点

● 作家与作品

　　让-亨利·卡西米尔·法布尔（1823—1915），法国著名昆虫学家、文学家、动物行为学家，被世人称为"昆虫世界的荷马""昆虫世界的维吉尔"。他的代表作有《昆虫记》《自然科学编年史》。

　　法布尔出生于法国南部圣莱昂村的一户农家，他的童年是在乡间和花草虫鸟一起度过的。法布尔自幼喜欢在乡间野外游玩，常常在兜里装满蜗牛或其他植物、虫类。后来，法布尔考入师范学校，毕业后谋得教师职位。他花了一个月的工资，买到一本昆虫学著作，立志做一个为虫子写历史的人。虽然家里并不富裕，但他从未停止学习，先后取得了数学学士学位、自然科学学士学位和自然科学博士学位。

　　1849年，法布尔在科西嘉岛阿雅克肖公立中学任物理教师，在这里他遇见了影响他人生选择的两位学者，自此他开始潜心研究昆虫。1857年，他发表了《节腹泥蜂习性观察记》，这篇论文修正了当时昆虫学祖师莱昂·杜福尔的观点，因此获得了法兰西研究院的赞誉，被授予实验生理学奖。法布尔整理二十余年资料而写成的《昆虫记》第一卷于1879年问世。之后，法布尔买下一处民宅——荒石园。他和家人住在荒石园中，同时也在园中与昆虫们一起生活，经过数年的修建，一座百虫乐园建成了。他把研究成果写进一卷又一卷的《昆虫记》中。《昆虫记》第十卷问世时，法布尔已经八十多岁了。

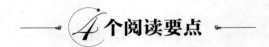

4 个阅读要点

● 内容简介

这本《昆虫记》先是写了"我"自幼对大自然的喜爱，之后又写了荒石园的来历，以荒石园为活动背景，引出这个园子中的各种昆虫。作者在书中分别展现了各种昆虫的形体特点、筑巢方式、饮食规律、狩猎技巧、求偶及养育后代的方式等，描述了小小的昆虫恪守自然规则，为了生存和繁衍而进行的不懈努力。作者用细腻的笔触带领读者进入了一个久为人们所忽略的陌生而又新奇的昆虫世界。

● 主要人物

螳螂——挥舞着镰刀的斗士。它有纤细优雅的体态，淡绿的体色，轻薄如纱的长翼，可以自由转动的头。它的前足上长着极有杀伤力和攻击性的冲杀、防御的武器。它的大腿和小腿像有刀口的锯子，都具有攻击性。

萤火虫——小小的发光体。它身着色彩斑斓的外衣，有六只短足，有钩状的大颚。雄性成虫有翅盖，雌性成虫一直保持着幼虫的状态。

孔雀蛾——迷人的生灵。穿着红棕色的绒毛外套，系着一个白色的领结。翅膀呈现出多彩的颜色。

黑步甲——凶残的猎人。身材苗条，腰部紧束，有一双尖利的大颚，张得很开。

● 主题思想

《昆虫记》又称《昆虫物语》或《昆虫学札记》。它是一部概括昆虫的种类、特征和诸种习性的昆虫学巨著，同时也是一个富含知识、趣味、美感和哲理的文学宝藏。全书充满了各种妙趣横生的昆虫故事，一组组科普性的说明文向大众宣传了科学知识。

在书中，作者以人性观照虫性，以虫性反映社会人生。作者用通俗易懂、生动有趣的散文笔调，深入浅出地介绍了他所观察和研究的昆虫的外部形态、生活习性，真实地记录了几种常见昆虫的本能、习性等，既表达了对生命和自然的热爱和尊重，又传播了科学知识，体现了科学探索精神。

● 写作的艺术

善于抓住昆虫的个性：《昆虫记》描写了众多的昆虫形象，它们皆有自己的个性特征，比如螳螂擅斗，蝉爱唱歌。蟋蟀、蝗虫、蚂蚁等都是我们生活中常见却又不曾细心观察过的昆虫，而它们却在作者的笔下大放异彩。

语言艺术：《昆虫记》的语言艺术是任何一部科普性的巨作都难以超越的。其一，准确的语言显示科学性。法布尔一生都在探索自然界蕴含的科学真理，正因为热爱真理，所以他一贯主张准确记述观察到的事实，既不添加什么，也不忽略什么。其二，生动的语言显示文学性。《昆虫记》被认为是"科学与诗的完美结合"。法布尔用散文的形式记录昆虫的特征及生活习性，更采用拟人化手法，使昆虫具有人的情感和思想行为，让读者感到十分亲切。

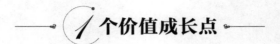

个价值成长点

《昆虫记》让我们看到了动物生命的宏伟——生命无处不在，一些微小的生命往往容易被忽略。我们人类总为自己处在食物链顶端而感到骄傲，却从不会想如果没有了那些看似弱小的生命，世界到底会有怎样翻天覆地的变化。法布尔的这本《昆虫记》让我们知道，看似弱小的昆虫，也是食物链中不可或缺的重要一环，它们对我们来说万分重要，它们的生命也应该得到尊重。

目录
Contents

我与荒石园

在很小很小的时候，我就已经喜欢上了与自然界的事物亲近的感觉。如果你认为我的这种喜欢观察植物和昆虫的性格是从我的祖先那里遗传下来的，那简直是开玩笑。因为，我的祖先们唯一知道和关心的，就是他们自己养的牛和羊。在我的祖父辈之中，只有一个人翻过书本，但是就连他对字母的拼法，在我看来都是十分不可信的。至于要说我曾经受过什么专门的训练，那就更谈不上了，从小就没有老师教过我，更没有指导者，而且也常常没有什么书可看。我只不过是朝着我眼前的一个目标不停地走，这个目标就是有朝一日在研究昆虫的历史上，多少加上几页我对昆虫的认识。

回忆过去，在很多年以前，那时候我还是一个不懂事的小孩子，才刚刚学会认字母。然而，对于当时那种初次学习的勇气和决心，我至今都感到非常骄傲。

我记得很清楚的一次经历，是我第一次去寻找鸟巢和第一次去采集野菌的情景，当时那种高兴的心情直到今天还让我难以忘怀。

记得有一天，我去攀登离我家很近的一座山。在这座山的山顶上，有一片很早就引起我浓厚兴趣的树林，从我家的小窗子看出去，这些树木朝天立着，在风中摇摆，在雪里弯腰，我很早就想跑到这片树林里去看一看了。

> 写出了儿童的好奇心和探究未知世界的欲望。

那一次爬山，我爬了好长时间，因为我的腿很短，所以我爬山的速度十分缓慢，草坡十分陡峭，就跟屋顶一样。

忽然，在我的脚边，出现了一只十分可爱的小鸟。我猜想这只小鸟是从它藏身的大石头下飞出来的。

不一会儿工夫，我就发现了这只小鸟的巢。这个鸟巢是用干草和羽毛做成的，里面还排列着六个蛋。这些蛋呈美丽的天蓝色，十分光亮。

这是我第一次找到鸟巢，是小鸟们带给我的许多快乐中的第一次。我高兴极了，于是我伏在草地上，十分认真地观察它们。

这时候，雌鸟十分焦急地在石上飞来飞去，而且还"塔克塔克"地叫着，表现出十分不安的样子。

当时我年龄还太小，甚至还不能懂得它为什么那么痛苦。当时我想出了一个计划：首先带回去一个蓝色的蛋，作为纪念品；然后，过两星期再来，趁着这些小鸟还不能飞的时候，将它们拿走。我还算幸运，当我把蓝鸟蛋放在青苔上，小心翼翼地捧着它走回家时，恰巧遇见了一位先生。

他说："嗬！一个萨克锡柯拉的蛋！你是从哪里捡到这个蛋的？"

我告诉他捡蛋前前后后的经历，并且说："我打算再回去拿走其余的蛋，不过要等到新出生的小鸟们长出羽毛的时候。"

"哎，不许你那样做！"这位先生叫了起来，"你不可以那么残忍，去抢那可怜的雌鸟的孩子。现在你要做一个好孩子，答应我从此以后再也不要碰那个鸟巢。"

从这一番谈话当中，我懂得了两件事：第一件，偷鸟蛋是件残忍的事；第二件，鸟兽同人类一样，它们都有各自的名字。

于是我问自己："在树林里、草原上的我的许多朋友，它们都叫什么名字呢？'萨克锡柯拉'的意思是什么呢？"

几年以后，我才晓得"萨克锡柯拉"的意思是"岩石中的居住者"，那种下蓝色蛋的鸟是一种被称为石鸟的鸟。

我第一次去采集野菌则是在一片树林里。有一条小河从我们的村子旁边悄悄地流过，这片树林就在河的对岸，树林中全是光滑笔直的树木，就像高高耸立的柱子一般，地上铺满了青苔。

把野菌比作"母鸡生在青苔上的蛋"，形象生动地描绘了野菌的形状。

在这片树林里，我第一次采集到了野菌。这野菌的形状，猛一眼看上去，就好像是母鸡生在青苔上的蛋一样。还有许多别的种类的野菌，形状不一，颜色也各不相同。有的像小铃铛，有的像灯泡，有的像茶杯，还有些是破的，它们会流出像牛奶一样的泪，有些当我踩到它们的时候，它们的颜色就变成蓝蓝的了。其中，有一种最稀奇的野菌，它们长得像梨一样，顶上有一个圆孔，大概是一种烟筒吧。我用指头在它们的下面一戳，会有一簇烟从烟筒里面喷出来。我把它们装了好大一袋子，等到有空的时候，我就把它们弄得冒烟，直到它们缩成像火绒一样的东西为止。

从这以后，我又好几次回到这片有趣的树林。我研究真菌学的初步功课和通过这种采集所得到的一切，是待在房子里不可能获得的。

在这种一边观察自然一边做实验的情况之下，我的所有功课，除了两门课，差不多都学过了。我从别人那里只学过两种科学性质的功课，而且在我的一生中，也只有这两种：一种是解剖学，一种是化学。我学解剖学的时间很短，但是学到了很多东西。我学化学时的运气就比较差了。在一次实验中，玻璃瓶爆炸，许多同学受了伤。后来，我重新回到这间教室时，已经不是学生而是教师了，墙上的斑点却还留在那里。那一次，我至少学到了一件事，就是以后我每次做实验，总是让我的学生们离得远一点。

我最大的愿望就是在野外建立一个实验室。当时我还处在为每天的面包问题而发愁的生活状况下，这真是一件不容易办到的事情！我四十年来都有这个梦想，想拥有一块小小的土地，把土地的四面围起来，让它成为我私人所有的土地。这块土地要寂寞、荒凉、被阳光照射、长满荆草，这些都是黄蜂和蜜蜂很喜欢的环境条件。在这里，没有烦恼，我可以与我的朋友们，如泥蜂，用一种难解的语言相互问答，这当中就包含了不少观察与实验呢！在这里，没有漫长的旅行，不至于白白浪费时间与精力，这样我就可以时时留心我的昆虫们了！

最后，我实现了我的愿望。在一个小村落的幽静之处，我得到了一小块土地。这是一块荒石园，里面除了一些百里香，很少有植物能够生长起来。我如果在这里花费工夫耕耘，它是可以长出东西的，可实在是不值得。不过到了春天，会有些羊群从那里走过，如果碰巧当时下点雨，这里也是可以生长一些小草的。

然而，我自己专有的荒石园，却有一些掺着石子的红土，并且曾经被人粗粗地耕种过了。有人告诉我，在这块地上生长过葡萄树，于是我心里真有几分懊恼，因为原来的植物已经被人用三齿长柄叉弄掉了，现在荒石园已经没有百里香、薰衣草等植物了。百里香、薰衣草对我来说也许有用，因为它们可以用来做黄蜂和蜜蜂的猎场，所以我只好把它们重新种植起来。

这里长满了偃卧草、刺桐花，以及西班牙的牡莉植物——那是一种开着橙黄色的花，并且有硬爪般的花序的植物。在这上面，盖着一层伊利里亚的棉蓟，它那高耸直立的枝干，有时能长到六尺高，而且末梢还长着大大的粉红球，还带有小刺，真是武装齐备，使得采集植物的人不知应从哪里下手摘取才好。这里还有穗形的矢车菊，它们长了好长一排钩子，悬钩子的嫩芽爬到了地上。假使你不穿上高筒皮鞋就来到有这么多刺的树林里，你就要因为你的粗心而受到惩罚了。

这就是我四十年来拼命奋斗得来的属于我的乐园哪！

我的这个稀奇而又冷清的王国，是无数蜜蜂和黄蜂的快乐猎场，我从来没有在一个地方看见过这么多的昆虫。各种事务都以这块地为中心，这里有猎取各种野味的猎人、建筑工人、纺织工人、切叶者、纸板制造者，同时也有搅拌泥灰的泥瓦匠、钻木头的木匠、在地下挖掘隧道的矿工以及制造薄膜气球的工人，各种各样的人都有。

> 运用拟人的修辞手法，形象地写出荒石园里昆虫之多以及各种昆虫的习性。

快看哪！这里有一种会缝纫的黄斑蜂。它剥下开有黄花的刺桐的网状线，采集了一团填充的东西，很骄傲地用它的腮（颚）带走了。它准备到地下，用采来的这团东西储藏蜜和卵。

那里是一群切叶蜂，在它们的身躯下面，带着黑色的、白色的或者血红色的切割用的毛刷，它们打算到邻近的小树林中，把树叶子割成椭圆形的小片，包裹它们的收获品。这里又是一群穿着黑丝绒衣的泥匠蜂，它们是做水泥与沙石工作的。在我的荒石园里，我们很容易在石头上发现它们建的房子。另外，这里有一种野蜂，它把窝巢藏在空蜗牛壳的盘梯里。还有一种蜂，它把自己的幼虫安置在干燥的悬钩子的秆子的木髓里。第三种蜂利用断了的芦苇的沟道做它的家。至于第四种蜂，它们住在泥匠蜂的空隧道中，而且连租金都用不着付。还有的蜂头上生着角，有些蜂后腿长着刷子，这些都是用来收割的。

我的荒石园的墙壁筑好了，到处可以看到成堆的石子和细沙，这些全是建筑工人们遗弃下来的，并且不久就被各种住户给霸占了。

泥匠蜂选了个石头的缝隙，用来做它们睡觉的地方。若是有凶悍的蜥蜴一不小心压到它们，它们就会奋起反抗。

粗壮的单眼蜥蜴挑选了一个洞穴，伏在那里等待路过的蜘蛛。黑毛的鸫鸟穿着白黑相间的衣裳，看上去好像是个黑衣人，坐在石头顶上唱着简单的歌曲。

那些藏有天蓝色的小蛋的鸟巢，会在石堆的什么地方呢？当石头被人搬动的时候，在石头里面生活的那些小黑衣人自然也一块儿被移动了。我为这些小黑衣人感到十分惋惜，因为它们是很可爱的小邻居。至于蜥蜴，我可不觉得它可爱，所以对于它的离开，我心里没有丝毫的惋惜之情。

在沙土堆里，还隐藏着掘地蜂和猎蜂的群落，令我感到遗憾的是，这些可怜的掘地蜂和猎蜂后来被建筑工人无情地驱逐走了。但是仍然有一些猎蜂留着，它们成天忙忙碌碌，寻找小毛虫。还有一种长得很大的黄蜂，竟然胆大包天地去捕捉毒蜘蛛。在荒石园的泥土里，有许多这种相当厉害的蜘蛛居住着。你还可以看到强悍勇猛的蚂蚁，它们派遣出一个兵营的力量，排着长长的队伍，向战场出发，去猎取比它们强大的猎物。

此外，在屋子附近的树林里面，住满了各种鸟雀。它们之中有唱歌鸟，有绿莺，有麻雀，还有猫头鹰。在这片树林里有一个小池塘，池塘附近住满了蟾蜍和雨蛙，五月份到来的时候，它们就组成震耳欲聋的乐队。在居民之中，最勇敢的要数黄蜂了，它竟不经允许地霸占了我的屋子。

在我的屋子门槛的缝隙里，还居住着白腰蜂。每次我要走进屋子的时候，都必须十分小心，不然就会踩到它们，破坏了它们的开矿工作。在关闭的窗框上，泥匠蜂在软沙石的墙上建筑土巢。我在窗户的木框上一不小心留下的小孔，被它们用来当作门户了。

在百叶窗的边线上，少数几只迷了路的泥匠蜂筑起了蜂巢。

> 运用拟人的修辞手法，说明黄蜂的主要活动时间和食物，语言亲切、自然。

午饭时候一到，这些黄蜂就翩然来访，它们的目的，当然是想看看我的葡萄成熟了没有。

这些昆虫全都是我的伙伴，我亲爱的小动物们，我从前和现在所熟识的朋友们，它们全都住在这里，它们每天打猎，建筑窝巢，以及养活它们的家族。荒石园是我钟情的宝地。

名师赏读

　　一个人永远无法忘怀他的童年，法布尔当然也不例外。他与自然有着一种与生俱来的亲密感，从小就酷爱观察植物和昆虫。多年后，法布尔对自己第一次去树林寻找鸟巢和采集野菌时的情形依然历历在目，回忆得津津有味。孩童时，法布尔就在心里种下了一个美梦，决定用自己的一生研究昆虫。几十年后，这个梦实现了。法布尔终于拥有了属于自己的荒石园，他钟情的宝地，一个野外实验室。

　　本节的描写显得气韵生动。作者运用了大量比喻、拟人等修辞手法，文笔精练流畅，字里行间的欣喜之情潺潺流淌。我们可以感知到，全心全意研究昆虫的法布尔沉浸在巨大的幸福中。荒石园里到处藏着数不清的知识和秘密，法布尔将带领着我们一一探求。

扫码立领

· 配套视频
· 阅读讲解
· 写作方法
· 阅读资料

迷人的池塘

当凝视池塘的时候，我从来都不觉得厌倦。在这个小小的绿色世界里，有无数忙碌的小生命生生不息。

在泥泞的池边，一堆堆黑色的小蝌蚪在温暖的池水中嬉戏着，追逐着；在那芦苇丛中，一群群石蚕的幼虫各自将身体隐匿在一个个枯枝做的小鞘中。

在池塘的深处，水甲虫在活泼地跳跃着，它前翅的尖端带着一个气泡，这个气泡对呼吸很有帮助。它的一片胸翼在阳光下闪闪发光，像一个威武的大将军胸前的一块闪着银光的胸甲。在水面上，一堆闪着亮光的"珍珠"打着转，欢快地扭动着。不对，那不是"珍珠"，其实那是豉虫们在开舞会呢！而离这里不远的地方，有一队池鳐正在向这边游来，它们使用那傍击式的泳姿，游起来就像裁缝手中的针那样迅速而有力。

> 用"裁缝手中的针"来比喻池鳐游动时的样子，形象生动。

在池塘这个地方，你还会见到水蝎。看哪，它交叉着两肢在水面上仰泳，那悠闲的神态，仿佛它是天底下最伟大的游泳好手。还有蜻蜓的幼虫，穿着沾满泥巴的外套，它的身体后部有一个漏斗，当它把漏斗里的水迅速挤压出来的时候，借助水的反作用力，它的身体会以同样的速度冲向前方。

在池塘的底下，徜徉着很多沉静的贝壳动物。小小的田螺会沿着池底慢慢地爬到岸边，小心翼翼地张开它们沉沉的盖子，眨巴着眼睛，好奇地张望这美丽的水中乐园，同时又尽情地呼吸陆上的新鲜空气；水蛭们吸附在它们的征服物上，不停地扭动着身躯，得意扬扬；成千上万的孑孓在水中有节奏地一扭一屈，不久的将来，它们会变成蚊

> 写出了田螺、水蛭、孑孓三种小生物的生活形态，语言活泼，使它们生动的形象跃然纸上。

子，成为人人喊打的坏蛋。

猛一看，这是一个波澜不惊的池塘，它的直径不过几尺，可是在阳光的孕育下，它却是一个辽阔神秘而又丰富多彩的世界。这一方小小的池塘多么能打动和引发一个孩子的好奇心哪！现在，让我来告诉你我记忆中的第一个池塘吧。

小的时候，我的家里很穷。除了妈妈继承的一所房子和一块小小的荒芜的园子，几乎什么都没有。

你听说过"大拇指"的故事吗？那个大拇指藏在他父亲的矮凳子下，偷听他父亲和母亲之间一些关于生活窘迫的对话。我就很像那个大拇指。但是我没有像他那样藏在凳子底下，我是伏在桌子上一面假装睡着了，一面偷听他们的谈话的。幸运的是，我所听到的，并不是像大拇指的父亲所说的那种使人心寒的话，相反，我听到了一个美妙的计划。

"如果我们养一群小鸭，"妈妈说，"将来我们一定可以换不少钱。我们可以买些饲料回来，让亨利天天照料它们，把它们喂得肥肥的。"

"太好了！"父亲高兴地说道，"让我们来试试吧。"

那天晚上，我做了一个美妙的梦。我和一群可爱的小鸭一起漫步到池畔，它们都穿着鲜黄色的衣裳，活泼地在水中打闹、洗澡。我在旁边微笑地看着它们洗澡，耐心地等它们洗痛快，然后带着它们慢悠悠地走回家。半路上，我发现其中有一只小鸭累了，就小心翼翼地把它捧起来放在篮子里面，让它甜甜地睡去。

没想到我的美梦很快就实现了：两个月以后，我们家养了二十四只毛茸茸的小鸭。

鸭子自己不会孵蛋，常常由母鸡来孵。可怜的母鸡分不出孵的是自己的亲骨肉还是别家的孩子，只要是那圆溜溜、跟鸡蛋差不多样子的蛋，它都很乐意去孵，并把孵出来的小生物当作自己的亲生孩子来对待。负责孵育我们家的小鸭的是两只母鸡，其中一只是我们自己家的，而另一只是向邻居借来的。

我们家的那只黑母鸡，每天陪着小鸭们玩，不厌其烦地和它们做游戏。我往一只木桶里灌了些水，大约有两寸高，这只木桶就成了小鸭们的游泳池。只要天气晴朗，小鸭们总是一边沐浴着温暖的阳光，一边在木桶里洗澡嬉戏，显得无比舒适，令旁边的黑母鸡羡慕不已。

渐渐地，两周以后，这只小小的木桶不能满足小鸭们的要求了。它们需要更大的水面才能自由自在地翻身跳跃，它们还需要许多小虾米、小螃蟹、小虫子等食物，这些食物通常都藏在水草中，等候着它们自己去寻觅。但取水是个大问题。我们家住在山上，从山脚下带大量的水上来是很困难的。尤其在夏天，连我们自己都不能痛快地喝水，哪里还顾得了那些小鸭呢？

我家附近有一口井，但那是一口半枯的井，每天要供四五家邻居轮流使用，而且学校里的校长先生养的那头驴子，总是贪得无厌地对着井大口大口地饮水，那口井往往很快就被喝干了。直到整整一昼夜之后，才能看见有井水渐渐地升起来，恢复到原来的样子。在如此艰难的水荒中，那些可怜的小鸭自然就没有自由戏水的份了。

不过幸好，山脚下有一条潺潺的小溪，那可是小鸭们的天然乐园。从我家到小溪，必须穿过一条村里的小路，但是我们不能走那条小路，因为我们很可能在那条路上碰到几只凶恶的猫和狗，它们会毫不犹豫地冲散小鸭们的队伍。

我只得另想办法，我想起离山不远的地方，有一大片草地和一个不小的池塘。那是一个很荒凉很偏僻的地方，没有猫猫狗狗的打扰，的确可以成为小鸭们的乐园。

我第一天做牧鸭童，心中又快活又自在。不过有件事令我很难受，那就是，我赤裸的双脚起泡了，因为跑了太多的路。后来我只能踮着脚走，甚至连那双我放在衣橱里，只有在过节的时候才能穿的鞋子也不能穿了。我赤裸的脚不停地在乱石杂草中奔跑，伤口越来越疼痛了。

小鸭们的脚似乎也受不了这种折腾，因为它们的蹼还没有完全长成，还远不够坚硬。当它们走在这崎岖的山路上时，会不时地发出"呷呷——"的叫声，似乎是在请求我允许它们休息一下。每当这个时候，我也只得满足它们的要求，招呼它们在树荫下歇歇脚，要不它们恐怕再也没有力气走完剩下的路了。

终于，我们到达了目的地。那方池水浅浅的，温温的，水中露出的土丘就好像是一个小小的岛屿。小鸭们飞奔过去，在岸上忙着寻觅食物。吃饱喝足后，它们就下到水里洗澡。洗澡的时候，它们会把身体倒竖起来，身体前部埋在水里，尾巴指向空中，仿佛在跳水中芭蕾。我美滋滋地欣赏着小鸭们优美的动作，看累了，就看看水中别的景物。

那是什么？在污泥上，我看到有几段互相缠绕的绳子又粗又松，黑沉沉的，像熏满了烟灰。如果你看到它们，可能会以为它们是从什么袜子上拆下来的绒线。于是我想：可能哪位牧羊女在水边编一只黑色的绒线袜子时，突然发现某些地方漏了几针，不能往下编了，埋怨了一阵子后，就决心全部拆掉，重新开始，而拆得不耐烦的时候，她就索性把这编坏的部分全丢在水里。这个推测看起来合情合理。

> 看到黑色的"绳子"，便联想到牧羊女织袜子的情景，非常有趣，作者的想象力真让人惊叹。

我走过去，想捡一段放到手掌里仔细观察，没想到这玩意又黏又滑，一下子就从我的手指缝里滑走了。我费了好大的劲，就是捉不住它。有几段绳子的结突然散开，从里面跑出一粒粒小珠子，后面拖着一条扁平的尾巴，我一下子就认出了它们，那正是我熟悉的青蛙的幼体——蝌蚪。

它们组成的黑绳子不停地在水面上打旋，它们黑色的背部在阳光下发着亮光。每当我伸手去捉它们的时候，它们似乎早就预料到有危险来临，不等我碰到它们，它们就逃得无影无踪了。我本想捉几个放到盆里面仔细研究，可惜怎么也捉不到。

看哪！在那池水深处，有一团浓绿的水草。我轻轻拨开一束水草，立即有许多水珠争先恐后地浮到水面，聚成一个大大的水泡。我想，在这厚厚的水草底下一定藏着什么奇怪的生物。继续往下探寻，我看到了许多像豆子一样扁平的贝壳，周围冒着几个涡圈；有一种小虫看上去像戴了羽毛；还有一种小生物舞动着柔软的鳍片，像穿着华丽的裙子在跳舞。我不知道它们为什么这样游来游去，也不知道它们叫什么，我只能出神地对着这个迷人的水池，浮想联翩。

经过小小的渠道，池水缓缓地流入附近的田地，那里长着几棵赤杨。在那里我又发现了可爱的生物——一只甲虫，比樱桃核还小，身上闪耀着碧绿色，那碧绿色是如此赏心悦目。我轻轻地捉起它，把它放进了一个空的蜗牛壳里，并且用叶子把壳塞好。我要把它带回家去，细细地欣赏一番。

接着，我的注意力又被别的东西吸引住了。清澈而凉爽的泉水源源不断地从岩石上流下来，滋润着这个池塘。泉水先流到一个小小的潭里，然后汇成一条小溪。我看着看着就突发奇想，觉得这样让溪水默默地流过太可惜了，完全可以把它当作一个小的瀑布，去推动一个磨。于是，我开始着手做一个小磨。我用稻草做成轴，用两个小石块支着它，不一会儿就完工了。这个磨做得很成功，只可惜当时没有小伙伴在场，只有几只小鸭欣赏我的杰作。

这个小小的成功大大地激发了我的创造欲，使其一发而不可收。我又计划筑一个小水坝，那里有许多乱石可以利用。我耐心地挑选着可以用来筑坝的石块，挑着挑着，我忽然发现了一个奇迹，它使我再也无心继续建造水坝了。

当我砸开一块大石头时，出现了一个小拳头那么大的窟窿，<u>从窟窿里面发出一簇簇光，好像是钻石的一个个棱面在阳光的照耀下闪着耀眼的光，又像是彩灯上垂下来的一串串晶莹剔透的珠子。</u>

> 以钻石与珠子的光泽来形容石头的窟窿里发出的夺目的光亮，让人顿生好奇之心。

这灿烂而美丽的东西，使我自然地想起孩子们躺在打禾场的干草上时讲到的神龙的传奇故事。据说，神龙是地下宝库的守护者，守护着不计其数的奇珍异宝。<u>现在在我眼前闪光的这些东西，会不会就是神话中所说的皇冠和首饰呢？难道它们就蕴藏在这些砖石中吗？在这些破碎的砖石中，我可以搜集到许多发光的碎石，这些都是神龙赐给我的</u>

> "我"看到美丽而神秘的光束，就想起了神话故事，以为自己遇到了神话中的宝贝，这正是孩子天真单纯的心理。

珍宝哇！我仿佛觉得神龙在召唤我，要给我数不清的金子。

在潺潺的泉水下，我看见许多金色的颗粒，它们都粘在一片细沙上。我俯下身子仔细观察，发现这些金粒在阳光下随着泉水打着转，这真是金子吗？真是那可以用来制造二十法郎金币的金子吗？对一个贫穷的家庭来说，这金币是多么宝贵呀！

我轻轻地捡起一些细沙，放在手掌中。这发光的金粒数量很多，但是颗粒却很小，得把麦秆用唾沫浸湿了，才能粘住它们。我不得不放弃这项麻烦的工作。我想一定有一大块一大块的金子深藏在山石中，可以等到以后我来把山炸毁了再说，这些小金粒太微不足道了，我才不去捡它们呢！

我继续把砖石打碎，想看看里面还有什么，可是这下我没看见珠宝，却看见有一条小虫从碎片里爬出来，

> 描摹小虫的身体特征，细致入微，小虫如在眼前。

它的身体是螺旋形的，带着一节一节的疤痕，像一只蜗牛在雨天的古墙里蜿蜒着爬到墙外，那有疤痕的地方显得格外沧桑和强壮。我不知道它是怎样钻进这些砖石内部的，也不知道它钻进去干什么。

为了纪念我发现宝藏，再加上好奇心的驱使，我把砖石装在口袋里，口袋被塞得满满的。这时候，天快黑了，小鸭们也吃饱了，于是我对它们说："来，跟着我，咱们得回家了。"

我的脑海里装满了幻想，早已忘记了脚上的疼痛。

在回去的路上，我尽情地想着我的漂亮的甲虫，蜗牛壳里的甲虫，还有那些神龙所赐的宝物。可是一踏进家门，我就回过神来，父母的反应让我一下子很失望。他们看见了我那膨胀的衣袋里面尽是一些没有用处的砖石，而且我的衣服也被砖石撑破了。

"我叫你看鸭子，你却自顾自地去玩耍，你捡那么多砖石回来，是不是还嫌我们家周围的石头不够多呀！赶紧把这些东西扔出去！"父亲冲着我吼道。

我只好遵从父亲的命令，把那些捡来的珍宝、金粒和碧绿色的甲虫统统抛在门外的废石堆里。母亲看着我，无奈地叹了口气。

"孩子，你真让我为难。如果你带些青草回来，我倒也不会责备你，那些东西至少可以喂喂兔子，可这种碎石只会把你的衣服撑破，这种毒虫只会把你的手刺伤，它们究竟能给你什么好处呢？准是什么东西把你迷住了！"

可怜的母亲，她说得不错，的确有一种东西把我迷住了——那是大自然的魔力。几年后，我知道了那个池塘边的"钻石"其实是岩石的晶体；所谓的"金粒"，原来也不过是云母而已：它们并不是什么神龙赐给我的宝物。尽管如此，对于我来说，那个池塘始终保有着它的诱惑力，因为它充满了神秘，那些东西的魅力远远胜于钻石和黄金。

名师赏读

荒石园有一个小池塘，直径仅有几尺，但它是一个"辽阔神秘而又丰富多彩的世界"，鸣奏着小蝌蚪、豉虫、田螺、水蛭等小动物的生命乐曲。作者不禁回忆起小时候所见到的那个池塘。"牧鸭童"带着一群小鸭去池塘洗澡、嬉戏和觅食，那里有黑绳似的蝌蚪、碧绿色的甲虫、发光的碎石……小法布尔兴致勃勃地做磨、建水坝、砸砖石、寻宝藏，玩得不亦乐乎。池塘处处散发着迷人的诱惑力。可是，父母对这一切却不能理解，他们责备了"满载而归"的小法布尔。

本节的叙述酣畅淋漓，过渡简洁自然，细节描写惟妙惟肖，句句饱含可爱的童真、童趣，深藏着作者对儿时经历的眷恋之情。孩子的内心总是天真无邪，他们拥有发现美的能力。世界并不缺少美，只是缺少发现美的眼睛。池塘处于荒僻之地，但大自然的魅力却远胜于钻石和黄金。

睿智的红蚂蚁

鸽子从几百里远的地方返回自己的鸽棚，燕子穿越海洋从远在非洲的越冬地重新回到旧窝，在这种漫长又艰辛的旅行中，动物是靠视力来指引方向的吗？

有这样一位睿智的观察者，虽然他不是那么了解收集在橱窗里的动物，但是却是研究自然状态下动物的专家。在他的专著《动物的智慧》中，他说：

法国的这种鸟，根据经验知道北方寒冷、南方炙热，东方干燥、西方潮湿。它可以通过丰富的气象知识判断方位，方便飞行。假如把鸽子放进篮子里，拿块布盖着，从布鲁塞尔带到图卢兹，它是没法凭借眼睛把路线记下来的，但是没有人能妨碍鸽子凭借自己对气温的印象感觉到自己是向南进发的。等它在图卢兹被放飞时，它知道要回巢就得一直向北飞。一旦感到天空的温度跟自己家乡的温度相当，它就会停下来。就算不能马上发现旧所，它也可以向东或者向西飞上几个小时来寻找，以便纠正偏差的路线。

这种解释只适用于在南北方向移动的情况。如果是在等温线上向东或向西移动呢？那就另当别论了。再者，这种解释是不能推而广之的。猫咪从城市的一端跑回另一端的家里，穿越迷宫似的大街小巷，靠的不是视力，也不可能是气候变化。同理，我的石蜂也不是靠视力辨别方向的。比如，在密林里放出几只石蜂，它们飞得不高，离地面只有二三米，无法一眼看出地形全貌以便画出地图。它们盲目地在我身后转几个圈，犹豫了那么一会儿，便向北飞去了。那里有高耸绵延的丘陵，有茂密树林的遮挡，它们顺着不高的斜坡往上飞去，穿越这些障碍。的确是视力帮助它们躲开了各种障碍，但视力不能告诉它们要往哪个方向飞。温度显然也不能起什么作用，仅仅是几千米的距离而已，气候是不会有什么显著的变化的。就算它们熟悉方位，但蜂巢和放飞地的气候都是差不多的，冷、热、干、湿的变化不大，它们怎么能对向哪个方向飞这种事情拿定主意呢？

能不能假设动物具有人类所没有的一种特别的感觉呢？对于这些现象，我不禁想提出一种神秘的东西来解释。没有人想否定达尔文的权威，他得出的也是一样的结论。动物能够感受磁性吗？在它们身上紧贴上磁针，对它们的感觉会有什么样的影响呢？动物对地电会有什么样的感应呢？人类也拥有这样的感应能力吗？毫无疑问，我指的是物理学的磁力，而不是梅斯梅尔和卡缪斯特罗之流所说的磁力。如果水手本身就是罗盘，那干吗还要随身带罗盘呢？所以人类肯定是没有相应的能力的。

> 通过四个疑问句引起读者的思考，也自然地引出下文。

依然是这位专家的观点：身在异地的鸽子、燕子、猫、石蜂等动物能够找到方向，都是拜一种特别的感官能力所赐。这种能力人类不具备，甚至不能想象。我不能确定这是不是对磁力的感觉，但我已经尽我所能去研究这种能力，对此我感到满意。跟人类比起来，动物是多么伟大，多么先进哪！除了我们拥有的感官能力，动物还有另外一种。为什么人类没能拥有这样的能力呢？对"物竞天择，适者生存"的环境来说，这样的能力是多么有用的武器呀！如果像人们研究发现的，包括人在内的所有的动物都是从原细胞这一唯一起源产生的，并且遵循自然规律在历史进程中自然进化，发展最好的天赋，摒弃最差的天赋，那为什么在低级动物的身上会有这种奇妙的能力，而身为万物灵长的人类反而一丝一毫都学不会呢？这种能力远比胡子上的一根毛，或者尾骨上的一截骨头更值得保留哇！我们的祖先怎么会任凭如此优秀的能力在进化中逐渐遗失呢？

如果这种感官功能真的没有遗传下来，那就缺乏足够的证据。为此，我请教了进化论者，并且期望从原生质和细胞核那里得到不一样的答案。

我们总是认为有某种未知的感官存在于膜翅目昆虫身上的某个部

位，它们是通过这种特殊的器官来感知方向的。我们首先想到的一定是触角。我们总是习惯把昆虫那些奇怪的行为归结于触角，想当然地认为触角上一定有什么特殊的构造，但我的确有充分的理由来怀疑触角带有指引方向的能力。毛刺砂泥蜂寻找猎物时，的确不停地用像小手指一样的触角拍打地面。那些探测丝仿佛在指引昆虫去捕猎，但它们能指引昆虫飞行的方向吗？这存疑的一点，如今已经被我弄明白了。

我齐根剪断了几只高墙石蜂的触角，然后把它们带到其他地方放掉。但它们像其他的石蜂一样，很容易就返回了巢穴。我用同样的方法对我们地区最大的节腹泥蜂——栎棘节腹泥蜂做了实验，这种平时能捕捉象虫的节腹泥蜂也回到了它的家。由此，我可以完全摒弃触角具有指向能力的说法。如果这种能力不存在于触角上，它又能存在于什么地方呢？我也不知道。然而，失去了触角的石蜂，回到蜂房并不马上恢复工作，而是盘旋在正在建造的蜂房前，或休憩于石子上，或停靠在蜂房旁的石井栏边。它们长久地凝视着没有完工的建筑物，看起来像是在悲伤地沉思。它们来来回回，赶走了所有的不速之客。可是它们也没有运进蜜或者煤灰。到了第二天，它们彻底消失了。一旦没有了工具，工人就失去了工作的兴趣。触角是石蜂的精密仪器，如同建筑工人的圆规、角尺、水准仪、铅绳一样重要。当它们砌窝时，需要用触角不断地拍打、探测，只有用触角才能把工作干得精细。

> 把石蜂的触角比作"精密仪器"，形象生动地写出了触角对石蜂的重要作用。

到目前为止，我只拿雌性石蜂做过实验。基于母性，它们对巢穴总是比雄蜂忠实得多。假如实验的对象是雄蜂，那么结果会如何呢？我总是不太信任这些雄蜂。我不明白，对它们而言，回到出生的蜂房与在别处安居有什么差别，只要有雌蜂就行了。没想到我居然想错了，被我带到别处放飞的雄蜂也回窝了。由于它们比较弱小，我没有让它们飞太远，只有一千米左右。然而，对雄蜂来说，这也是一场在陌生场所里进行的远征。谁让我从来没见过它们长途跋涉呢！毕竟白天它们就观赏花朵或者参观蜂房，到了晚上就在荒石园的石堆缝里或者旧洞里藏身。

三叉壁蜂和拉特雷依壁蜂喜欢在石蜂丢弃的洞穴里建造房子，三叉壁蜂尤其喜欢这样。我要利用这个机会，好好了解一下方向感在膜翅目昆虫中的普及度，这可是个好机会。三叉壁蜂可是不论雌雄都会返回窝里的。我高效率地做了一些短距离的实验，其结果则与其他实验的结果完全相符，所以我信服了。不论怎样，这些实验都证明，高墙石蜂、三叉壁蜂和节腹泥蜂这三种昆虫都可以返回巢穴。这些例子能否证明所有的昆虫都具有从陌生地方返回居住地的特殊能力呢？我可不想这样草率，据我所知，有一种反例，非常能够说明问题。

在荒石园各式各样的"实验品"中，我的第一选择是著名的红蚂蚁。这种红蚂蚁好比人类中能捕捉奴隶的亚马孙人①，它们不擅长哺育儿女，即使食物就在身边也不知道去哪里寻找。它们只能去寻找用人来伺候它们吃饭，为它们打理家庭琐事，为此，红蚂蚁会去偷不同种类的蚂蚁邻居的蛹。这些蛹被运到窝里后，不久就会蜕皮，成为蚂蚁成虫，然后承担起红蚂蚁家族中繁重的家务活。

炎热的夏天的下午，我常常能看到这些红蚂蚁的远征。蚁队能有五六米长。只要沿途没有什么值得注意的事情，它们就不会停止前进，一直保持队形。但是，一旦发现有蚂蚁窝的蛛丝马迹，领队的红蚂蚁就会停下脚步，前排的红蚂蚁则乱哄哄地散开，又不能走远，只能在原地打转。后排的红蚂蚁大步跟上，这样它们便会越聚越多。当出去打探情况的侦察兵回来，证实情况是错误的，它们就会排成一队前进。这些强盗穿过荒石园里的小路，消失在草丛中，过一会儿又在远一些的地方出现，然后钻进枯叶堆，再大摇大摆地爬出来，看起来是在盲目地寻找什么。

当它们终于发现了目标——黑蚂蚁的窝，红蚂蚁们就兴冲冲地冲进黑蚂蚁蛹的宿舍，然后很快带着战利品出来。但是在地下城市的门口，黑蚂蚁也在奋力保护着自己的蛹，红蚂蚁像强盗一样横冲直撞。这场战斗触目惊心，但是由于双方力量悬殊，胜利的果实毫无疑问是属于红蚂

---

① 亚马孙人：希腊神话传说中的女战士族群。

蚁的。它们每一只都带着掠夺物，用大颚咬住还睡在襁褓里的蛹，匆匆忙忙地往回赶。如果读者不了解奴隶制习俗的话，这故事读起来一定相当有趣。可惜这个亚马孙人的故事跟昆虫回窝的主题相差太远，抱歉，我不能再谈下去。

抢到了战利品的这伙强盗，去时的路途远近取决于附近有没有黑蚂蚁。如果走上十几步路，或者五十步路能碰到黑蚂蚁的巢穴，它们就会停下来。可是如果没碰到，它们可以走一百步路，甚至更远。有一次我就看见红蚂蚁攀越荒石园四米高的围墙，远征到荒石园之外远远的麦田处。走什么路，对这支所向披靡的队伍来说是无所谓的。草丛、枯叶堆、乱石堆、不毛的土地、砌石建筑，它们都可以穿过。它们在道路的性质这方面并没有偏好。

去时的路是不确定的，但是回来时的路却是确定不变的——必须原路返回。无论去时的那条路是多么曲折，要经过多少障碍，就算那是最难走的，回来时也必须重新面对。捕猎的偶然性使红蚂蚁常常要身不由己地选择非常复杂的路线。现在它们带着战利品回来了，依然是去时怎么走，回来时就怎么走。就算再辛苦，再危险，它们的路线也是绝对不会改变的。

假如它们穿过的是厚厚的枯叶堆，那么这对它们来说就是一条随时会失足掉下去的、布满深渊的道路，它们一旦掉下去，就要从谷底爬上来，爬到摇摇晃晃、不稳固的枯枝桥上，最后还要走出迷宫。大部分红蚂蚁都会累得筋疲力尽。那又有什么关系？困难还是要克服的。即使负重增加了，它们依然会穿过这迷宫。要是它们能发现旁边有一条好路——十分平坦，离原来那条路几乎一步都不到，那就能减轻不少的疲劳。可是它们根本没有发现这条仅仅偏离了一点的路。

有一天，我把池塘里的两栖动物换成了金鱼。第二天，红蚂蚁们出去抢劫，恰好沿着池塘的护栏内侧，排成一个长队前进。没想到北风劲吹，从侧面向蚁队猛刮，把几排"士兵"都吹到水里去了。金鱼连忙游过来，张开贪婪的大嘴把落水者都吃掉了。这是一条充满艰辛的道路，蚂蚁们还没过天堑呢，就牺牲了不少。我想，它们回来的时候该换一条别的路走了吧。可事情不是这样的，衔着蚁蛹的队伍还是走上了这致命的悬崖，金鱼便得到了天上掉下来的双倍食物——红蚂蚁以及它们嘴里衔着的猎物。红蚂蚁们宁愿被大量地消灭，也不肯选择一条新的道路。

红蚂蚁们一路远征，左兜右转，走相同的道路，一定是因为如果不这样就很难找到家，所以红蚂蚁去时走哪条路，回来时还是要选择哪条路。如果它们不想迷路，就不能随随便便挑一条路走，它们必须走原来的那条路才能回家。毛虫从窝里爬出来，爬到另一根树枝上寻找那些更对胃口的树叶时，在行走的路上织了丝线，毛虫就是顺着这条线返回窝中的。这条丝线是它们回家的线索，是只要出远门就可能找不到

> "爬""寻找""织""返回"等几个动词的运用，准确地写出毛虫是用"织线"的方法找到回家的路的。

回家的路的昆虫所能使用的最原始的方法。我们对靠原始方法回家的毛虫的了解，可比对那些靠特殊感官定位的石蜂等昆虫的了解要多得多。

但是同属于膜翅目昆虫的红蚂蚁回家的方法却很有限，你看它们只能按照原路返回。难道它们也是在模仿毛虫吗？它们的身上没有能够吐丝的劳动工具，所以路上不会留下指路的丝。那么它们是通过散发某种气味，比如蚁酸味，再通过嗅觉来给自己指路的吗？大多数人都同意这种说法。

如果说红蚂蚁是通过嗅觉来认路的，而这嗅觉器官就存在于动个不停的触角中，我不太赞同。首先，我不相信触角上会有嗅觉器官，理由已经说明过了。另外，我也希望借助实验来证明，红蚂蚁并不是靠嗅觉来指引方向的。

我花了整整几个下午来观察我的红蚂蚁们出窝的情况，但是常常无功而返。于我而言，这太浪费时间了。我找了个不太忙的助手——我的孙女露丝，她对蚂蚁的事情非常感兴趣，她见过红蚂蚁大战黑蚂蚁，总是沉思红蚂蚁抢劫褓褓中的小孩一事。露丝的脑子里充满了崇高的责任感，十分骄傲于自己小小年纪就能够为科学这位贵妇人效劳。遇到好天气，露丝可以跑遍荒石园去监视红蚂蚁，仔细辨认着它们走到要抢劫

的蚁窝的路。我十分信任她的热情。一天，我正在写每天必写的笔记，露丝就嘭嘭地敲起实验室的门来。"是我呀，快来，红蚂蚁进了黑蚂蚁的窝，快来！""你看清楚它们走的路了吗？""是的，我还做了记号呢。""怎么做的记号哇？""像小拇指①那样，我把白色的小石子撒在路上。"

我跑过去一看，发现正如这位六岁的合作者所说的那样，她事先准备了小石子，看到蚁队从兵营里出来，便一步步紧跟在后面。每当蚂蚁走过一段路，她就撒下一点石子。红蚂蚁们的抢劫活动已经结束了，现在正在原路返回中。离窝的距离还有一百来米的时候，我就已经胸有成竹地准备好了一切。

我用一把大扫帚把蚂蚁的路线统统扫干净，宽度有一米左右，把路上的尘土统统换成了其他的材料。如果原来的泥土上有什么味道的话，现在都已经被完全消除了，我打赌蚂蚁们会晕头转向的，并且我把这条路的出口分割成彼此相隔几步路的四个部分。

当蚂蚁们来到第一个切口的时候，它们显然相当犹豫：有的后退，再回来，再后退；有的在切口的正面徘徊不前；有的从侧面散开，好像要绕过这个陌生的地方。蚁队的先锋们开始还聚集在一起，后来就结成了几分米的蚁团，接着散开，宽度有三四米。但后续部队不断冲过来，导致场面十分混乱，蚂蚁们彼此堆在一起，乱哄哄的，不知所措。最后，有几只蚂蚁冒险走上了被扫过的那条路，其他的也紧随其后。也有少量的蚂蚁绕了个弯，走上了原来那条路。在其他的切口处，蚂蚁们同样犹豫不决，但是它们还是走上了原来的道路，只不过有些是直接走的，有些是间接走的。尽管我设了圈套，但还是没有骗过蚂蚁们，它们回到了自己的家。

这个实验似乎说明，嗅觉在帮助蚂蚁回窝这件事上起了很大的作用。凡是道路被割开的地方，蚂蚁们都表现出犹豫的神情。仍然有一些蚂蚁从原路回来，大概是因为扫除得不彻底，一些味道还留在原地。一

---

① 小拇指：法国作家佩罗的童话《小拇指》中的人物。

些蚂蚁绕过了干净的地方，大概是受到了被扫到一旁的残屑的指引。因此，无论是赞成嗅觉的作用，还是反对嗅觉的作用，都必须在更好的条件下进行实验，要百分之百去掉所有有味的材料。

几天之后，我重新制订了计划，比上次要严谨一些。露丝观察了不久，又很快向我报告，蚂蚁出洞了。我早就已经猜到了。那是六月一个闷热的下午，暴风雨马上就要来临了，这种时候这些红蚂蚁一般都会出发远征的。在蚂蚁行进的路上，我还是在我选定的地方都撒满了石子，我想这更有利于实现我的计划。我在池塘的一个接水口处接了一根用来在荒石园里浇水用的布管子。一打开阀门，汹涌的水流就冲断了蚂蚁的回路。那水流有一大步那么宽，长得没有尽头。就这样，用大量的水冲刷地面达一刻钟之

> "没有尽头"极言水流的长，强调了水流给蚂蚁带来的巨大的不利影响。

后，红蚂蚁们带着战利品回来了。当红蚂蚁们走近这里时，我特意把水流调小，放慢了它的流速，减小了水量。我故意为红蚂蚁设置了一个走原路不得不面对的障碍，当然越过这障碍并不十分费力。

蚂蚁们真的犹豫了很长时间，那些走在队伍后面的蚁兵都有时间爬到前面来跟排头兵聚集在一起了。于是，它们踩着露出水面的卵石走进水流里，但是脚下的基础一旦没有了，水流就把那些勇士都卷走了。可是它们依然没有丢掉战利品，而是随波逐流，在水中的小洲上停靠，等到被冲到河岸边，它

> "踩""丢""停靠"等词形象地写出了蚂蚁们的镇定与机智。

们又重新开始寻找可以涉水的地方。几根麦秸被水冲散，构成了蚂蚁们可以渡河的桥，虽然它们都摇摇晃晃的。另外一些散落在水里的橄榄树的枯叶则变成了木筏，运载带了太多战利品的乘客。有一些勇士靠着自己努力的跋涉，没有借助任何过河工具就到了对岸。我看到有一些蚂蚁被水流卷到河中间，离此岸或者彼岸都有一段不远的距离，它们惊慌失措，不知如何是好。即使是在这溃不成军的一片混乱之中，也没有一只蚂蚁因为遭遇了灭顶之灾而扔掉自己的战利品。实验的结果就是蚂蚁们

为了沿着原路返回而凑合着过了急流。

在这场实验中，我觉得路面上的气味问题基本可以排除在外了。那片土地在不久之前刚被急流冲刷过，之后又一直有水流过。就算是路上真的有蚁酸的味道，在被急流冲刷过后也应该闻不出来了。在试过这种极端的情况之后，我还想试试另一种极端的情况：用另一种强烈的气味来遮盖住原来的气味，看看这样会有什么事情发生。

我在红蚂蚁即将返回的第三个路口处，用新鲜的薄荷叶把地面擦了擦。这片薄荷叶是我刚刚从花坛里摘下来的。我还将薄荷叶覆盖在远一点的路面上。蚂蚁回来的时候，毫不在意地经过了擦过薄荷的区域，只是在盖着叶子的区域上犹豫了一下，就走过去了。经过这次实验，我发现嗅觉不是指引蚂蚁沿着原路回窝的线索，其他的一些实验会使我明白真正的原因。

这次，我不改变地面的状况，只是用几张大报纸盖住路中央，压上几块小石头。这个像地毯一样的玩意彻底改变了道路的外貌，却一点都没有改变地面的味道。可是蚂蚁居然在这个家伙面前犹豫了许久。比起我设计的其他诡计，甚至是急流，蚂蚁们这次要更加焦虑。它们从各个方向侦察，一再尝试前进和后退，试了许多次之后，才冒险走上了这片没见过的区域。等它们终于穿越过了这片铺着报纸的地区，队伍才恢复正常的行进速度。

在离这几张报纸不远的地方，有另一个圈套在等待着蚂蚁们：我用一层薄薄的黄沙把路切断，这块地原来是浅灰色的，如今变成了黄色。仅仅是颜色的改变，一样使蚂蚁们惊慌失措了许久，但是最终这个障碍也被克服了，而且没用多长时间。

蚂蚁在纸张和沙子面前犹豫不决，停步不前，而除了颜色，报纸和黄沙的出现并没有改变路面的其他状况。这就说明蚂蚁能够找到回家的路并不是依赖嗅觉，而是视觉。因为当我用各种方法改变路的外貌，比如用薄荷叶盖住地面、用扫把扫地、用纸当作地毯把路面遮住、用水流冲刷地面、用黄沙截断道路，回家的队伍就会停下来，犹豫不决，不停地探索，想知道究竟发生了什么变化。对，是视觉。不过蚂蚁们的视野非常狭窄，哪怕只移动几个卵石就足够影响它们了。由于视野狭窄，一层沙、一层薄荷叶、一条纸带，哪怕只是挥动一下扫把甚至是更微小的改变，都会使蚂蚁眼中的景象面目全非。那些想带着战利品尽快回家的蚂蚁就会停下来焦虑不安地等待。它们之所以能通过这已改变样貌的路，都是因为在反复尝试通过的过程中，有些视力好的蚂蚁认出了这片区域，这是它们熟悉的、曾经穿越过的区域。而其他的蚂蚁相信这些视力好的蚂蚁，便勇敢地跟随它们走过去。

如果只是拥有视力，而没有对地点的精确记忆，这些蚂蚁依然不能顺利地回家。蚂蚁的记忆力跟人类的记忆力有什么区别呢？它究竟是什么样的呢？我无法回答。但是我只要用一句话就可以说明：只要是去过一次的地方，昆虫就会记得非常牢，更重要的是，它们记得准确。我多次见过这样的情形：被抢劫的黑蚂蚁向这些野蛮的"亚马孙人"提供了太多战利品，多得它们甚至拿不了。于是在第二天，或者是两三天之后，这支远征军会再次出发。这一次就不同于第一次的沿途寻找，它们会直接奔向拥有许多蛹的黑蚂蚁的窝，而且走的是第一次去时的那条路。我曾经沿着"亚马孙人"前两天走过的路用小石子来设置路标。使我惊奇的是，它们两次走了相同的路！走过了一个石子又一个石子。我在它们走之前预测，它们会根据石子路标，从这里走，从那里过。果不其然，它们沿着我放置的石子，从这里走，从那里过，甚至没有一点偏差。

已经过了那么多天了，难道气味能够一直留存在那里吗？谁都不能断然这样说，所以指引"亚马孙人"的应该是视觉。当然在视觉之外，还应该有它们对地点的记忆力。这种记忆力能够持续很久，至少能保留到第二天，甚至更久。它们的记忆力不见得比人类的记忆力差，正是凭借良好的记忆力，队伍才能走过高低不平的各种地面，完全沿着之前走过的路行进。

除了对路面的超凡记忆力，红蚂蚁们有没有像石蜂那种可以在小范围内指引方向的能力呢？如果是不认识的地方，红蚂蚁们会怎么办呢？它们能不能返回它们的巢穴或者跟它们的伙伴会合呢？

这支强盗军团还没有称霸整个荒石园，它们喜欢收获颇丰的北边，所以这群"亚马孙人"通常是把部队带到北边去抢掠。荒石园的南边很少能看到它们的踪影。可以说，它们对南边并不像它们对北边那样熟悉。现在我想试试，看在陌生的地方，红蚂蚁是如何行动的。

我站在蚂蚁窝附近，当部队捕猎奴隶归来时，我把一片枯叶放在一只红蚂蚁的面前让它自己爬上来。我没有碰到它，只是把它运到离部队两三步远的南边的某个地方。对红蚂蚁来说，这足够使它离开熟悉的环境，彻底晕头转向了。我看到这只红蚂蚁大颚上衔着战利品，在地面上随意闲逛。它以为自己是在去跟伙伴们会合，其实它早就越走越远了。它尝试着各个方向，向北，向南，往回走，再走远去试试，朝着许多个方向探索过之后，它依然没有找到正确的路线。这个牙尖齿利的"奴隶贩子"迷路了，而且是在离队伍只有几米远的地方。我的印象里始终有这样几位迷路者，它们独自转悠了半个小时也没有找到大部队和回家的路，但是嘴上一直叼着来之不易的战利品。它们会怎么样？它们要这战利品有什么用？我对这些强盗没有什么耐心。

我们在前面已经看到，这群"亚马孙人"拥有良好的记忆力，它们记得不仅牢靠，而且长久。那这种记忆力究竟好到什么程度，以至于能够把路线如此久地铭刻在心里呢？"亚马孙人"到底是走了许多次这条路，还是只需要一次就足以令它们在脑子里刻下深刻的记忆呢？我没办法在这个方面进行实验，我不能确定红蚂蚁这次走的路线是不是它们第一次走，也无法规定这个军队到底走哪条路。当红蚂蚁们远征去掠夺猎物的时候，它们看起来随心所欲，一直向前走，我没法干预它们朝哪个方向走。那么拥有良好感官能力的膜翅目昆虫又是怎么做的呢？

可以肯定的一点是，红蚂蚁没有其他膜翅目昆虫所拥有的指向器官，它们只有良好的记忆力而已。偏离原路几步远的距离，就足以使它们迷路，并且再也无法与家人团聚，但是石蜂却可以穿越几千米陌生的天空。能够指认方向的奇妙感官只有几种动物拥有，而人没有，我为此感到惊讶。毕竟两个比较项的差别这么大，难免引发争议。现在这种争议不存在了，因为我用两种非常接近的动物进行了比较——两种膜翅目昆虫。如果它们是一个模子里出来的，那为什么一种有那种神奇而特殊的感官，而另一种却没有呢？比起器官这种小问题来，多拥有一种感觉能力可是重要多了。我期待进化论者给我一个靠得住的理由。

现在，让我们看看别的膜翅目昆虫又是怎么行事的吧。我选择了蛛蜂，之所以叫"蛛蜂"，是因为它捕捉蜘蛛。它先捉住蜘蛛，把它麻醉，作为自己幼虫未来的食粮，然后才去给幼虫挖掘巢穴。对蛛蜂来说，到手的猎物是一种沉重的负担，根本不能带在身边去寻找适合筑窝的地方，所以它们习惯把蜘蛛放在草丛或者灌木丛上，以防像蚂蚁那样不劳而获的家伙们搞破坏——谁都可能在合法占有者不在时，把这个宝贵的猎物占为己有。把猎物放置在高处之后，蛛蜂就去寻找那些适合挖洞的地方。在挖掘期间，它也不会放松警惕，不时去看看自己的蜘蛛。它会咬咬它，拍拍它，庆幸自己猎到这么好的猎物，然后再回去继续挖掘洞穴。如果还是不时感到不安，它就会把猎物放在离自己近一些的地方——近一些的草丛上。它捕猎的过程就是这样的。我找到了可以插手的环节，以了解蛛蜂的记忆力究竟好到什么程度。

当蛛蜂正在辛勤地为自己的幼虫挖洞穴时，我把它的猎物偷走，放在离原来的地方大概半米远的空地上。没过一会儿，蛛蜂起身去看自己的猎物，它径直飞向原来的存放地，看起来是那么有把握，对自己已经去过的地方那么熟悉。我也不太清楚以前是什么情况，所以认为蛛蜂第一次寻找的行为没有参考价值，再来几次就更有说服力了。这次，它也毫不费力就找到了自己原来那只猎物的存放地，它在草丛上飞来飞去，仔细地探索，多次回到原来存放蜘蛛的地方。终于，它相信猎物已经不在那里，就用触角拍打地面，仍不放弃地慢慢探索着。突然，它瞥见蜘蛛就在离它不远的空旷的地方，它惊奇地向前走，然后突然后退，似乎是在想："这是死的吗？还是活着的？这是我之前的那只猎物吗？"

> 想象蛛蜂的心理活动，形象生动又富有幽默感。

但是它没有容许自己犹豫太久，就咬住了蜘蛛，拉着它后退，再一次把它放到离原来的存放地只有两三步远的草丛上，且又是放在高处。

接着，蛛蜂又回到自己的挖洞工作中去。我趁着这个机会再一次挪动了猎物的临时存放地，把它放到了更远一点的光秃秃的地面上。在这种情况下就很容易考察蛛蜂的记忆力了。有两片草丛都曾是猎物的临时存放地，因为来过多次的关系，蛛蜂曾经毫不犹豫地回到了第一片草丛那里。但是第二片草丛它只去过一次，留下的印象肯定是很浅的，它没怎么考虑就选择了这个地方，毕竟它只是把蜘蛛挂上去而已。这个地方它是第一次看到，而且看得很匆忙。那么迅速的一瞥，能使它记住这个地方吗？除此之外，蛛蜂也极有可能搞混第一片草丛和第二片草丛。

现在它已经离开了地穴，想要再一次确认蜘蛛是否还在。它径直向第二片草丛飞去，在那里找了很久都没有找到蜘蛛的影子。它知道蜘蛛是被放在这里的，因此坚持在这里寻找，完全没有打算去第一片草丛那里。它在那片光秃秃的地方找到了它的猎物。之后，蛛蜂迅速找好第三片草丛来安放自己的猎物。我又开始了第三次实验，这次，蛛蜂也完全没有犹豫，直接向第三片草丛奔去。它的记忆力是如此可靠，以至于它对前两片草丛完全不屑一顾。接下来的两次实验，蛛蜂也都是回到了最后一次的存放地。我对这小家伙的记忆力赞叹不已。人的记忆力能有这么好吗？我完全怀疑一个人对于匆匆忙忙看过一次的地方，第二次是否还能清楚地回忆起来，更何况蛛蜂还一直在地下辛苦地工作。如果我们认为红蚂蚁也有这样的记忆力的话，那么它始终沿着同一条路返回巢穴就没有什么值得惊奇的了。

这样的测试也包含了其他的一些成果。蛛蜂在相信蜘蛛已经不在原来的地方的情况下，便四处寻找，很顺利就能找到蜘蛛，原因在于我把它放在了空旷的地方。一旦增加一点难度——用手指头把土面按出一个洞，把蜘蛛放进去再盖上一片叶子，这只蛛蜂便从叶子上过去，走来走去都不会发现蜘蛛就在下面。可见指引蛛蜂的是视觉而非嗅觉。虽然它的触角不停地拍打着地面，可我不认为这个器官能够起到闻嗅的作用。我还要补充一点：蛛蜂的视力实在很差，连离它只有两寸远的蜘蛛都发现不了。

名师赏读

　　动物能从一个陌生的地方返回自己的巢穴，这究竟是一种怎样的能力？法布尔选择用荒石园里的红蚂蚁做实验探索答案。偷其他种类蚂蚁的蛹是红蚂蚁的特殊习性，它们洗劫黑蚂蚁的窝，得手后一定会按原路返回。在孙女露丝的帮助下，法布尔或清扫红蚂蚁走过的路，或在红蚂蚁走过的路上制造水流，或把红蚂蚁走过的路盖上报纸，但是它们最终还是找到了原路，即使损兵折将。红蚂蚁并不具备小范围的指向能力，能认得路主要依靠的是它们的视力和记忆力，蛛蜂在猎物的存放地点多次改变后总是回到最后一处存放地，也是一个显著证明。

　　我们并不一定能牢牢记住自己走过的地方，但小小的红蚂蚁却能做到，不得不叫人称赞、感叹。动物身上往往拥有人类所不具备的特殊能力，那是它们生存、繁衍的根基。我们不可小觑任何渺小的事物，大自然里的万事万物都有其自身的闪光之处。

●配套视频

●阅读讲解

●写作方法

●阅读资料

扫码立领

萤火虫的魅力

小 灯

小孩子都非常喜欢萤火虫，因为萤火虫在漆黑的夜晚能够发出幽深的光，就好像流动的星星。但是有的时候，小孩子却害怕它们发出的光，因为它们时常出没在坟墓附近，远远看去，它们的光点十分恐怖。这就是萤火虫的魅力所在。

萤火虫这种稀奇的小动物的尾巴像挂了一盏灯笼似的，即便我们不曾与它相识，至少从它的名字上，我们也可以多少对它有一些了解。古希腊人曾经把它叫作"亮尾巴"，这是很形象的一个名字。现代科学家们则给它起了一个新的名字，叫作"萤火虫"。

从外表上看，萤火虫跟毛毛虫之类的昆虫完全不一样，它绝对不是蠕虫系列的。它有六只短足，喜欢用足走路，就像一位跋涉者。雄性萤火虫到了发育完全的时候，会生长出翅盖，像真的甲虫一样，不对，它就是甲虫类的。不过，雌性萤火虫的命运就要悲惨一些，它终生都处于幼虫的形态，也就是说处于一种没有变成成虫的形态，好像永远也长不大。无论哪种形态的萤火虫，都是有衣服的。可以说，外皮就是它的衣服，它用自己的外皮来保护自己，而且，它的外皮还具有很丰富的颜色呢！它全身是栗棕色的，胸部有一些粉红。它身体每一节的边沿部位，还装饰着一些红色的斑点。萤火虫最引人注意的就是它身上的那一盏灯。发育成熟的雌性萤火虫的发光器官生长在它腹部最后三节的位置。在前两节中，发光器官是从腹部这一面发出光来，形成宽宽的光带，而位于第三节的发光器官比前两节的要小得多，只是有两个小小的点，这两个小点发出的光亮在这只小昆虫的背部和腹部都可以看见。从这些宽带和小点上发出的光是淡蓝色的、很明亮的。

而雄性萤火虫则不一样，它的发光器官只有腹部最后一节处的两个小点。雄性萤火虫几乎从生下来以后就有这两个发光的小点了。此后，发光点会随着萤火虫身体的生长不断地长大。这两个小点无论在身体的背部，还是腹部，都可以被看见，在萤火虫的一生中都不会改变。但是发育成熟的雌性萤火虫所特有的那两条宽带子则不同，它们只能在腹部发光。这就是雄性萤火虫和雌性萤火虫的主要区别之一。

原　理

但最让人感兴趣的还是萤火虫身上的这两个点为什么会发光。我用放大镜来看，在萤火虫身子后半部分的发光带上，有一种白颜色的涂料，形成了很细很细的粒形物质，原来光就是发源于这个地方。这些物质的附近更是分布着一根短而粗的气管，气管上面分布着很多分支。分支散布在发光物体上面，有时还深入其中。这些分支连接着萤火虫的呼吸器官。

世界上有一些可燃的物质，当它们和空气混合以后，就会发生"氧化作用"，便会发出亮光，有的时候，甚至还会燃烧，产生火焰。萤火虫的体内藏有很多这样的可燃物质，当萤火虫呼吸的时候，氧气就顺着气管主干和分支进入它的体内，氧化了可燃的物质，从而发出了微弱的光。这些物质燃烧殆尽时，就在它身体表面形成了白色涂料。

但是，还有一个问题，我们是知道得比较详细的。我们清楚地知道，萤火虫完全有能力调节它随身携带的亮光。也就是说，它可以随意地将自己身上的光放亮一些，或者是调暗一些，或者是干脆熄灭它。

萤火虫不仅能够点亮身上的灯，而且能自由地调节灯的亮度。当萤火虫身上的细管里面流入的空气量增加，身体获得的氧气就会多一些，这样光就会变得强一些；如果阻止空气流入体内，光就会减弱甚至消失。这种本领不仅仅是为了表现自己的高超技艺，更重要的是能够应对外来的危险。

萤火虫点亮自己的灯，其实也就暴露了行踪。当它发现有危险靠近自己的时候，它就可以通过减弱灯光或者熄灭灯光来让自己隐藏在漆黑的夜色中。这一点我深有体会，明明就在刚才，我清清楚楚地看见一只

萤火虫在草丛里发光，并且飞旋着，但是，只要我的脚步稍微有一点不经意，发出一点声响，或者是我不知不觉地触动了旁边的一些枝条，那个光亮立刻就会消失掉，萤火虫自然也就不见了。

> 突出表现了萤火虫感觉的灵敏。

但奇怪的是，雌性萤火虫的宽光带没有调控光亮的能力，即便是极大的惊吓与扰动，都不会对它发出的光产生影响。不信的话，你可以把一只雌性萤火虫放在一个铁丝笼子里，空气是完全可以流通的，然后你可以任意制造噪声，就算是爆炸声也行。雌性萤火虫好像失聪了一样，什么都没有听见似的，光带光亮如故。你还可以给它泼水，结果还是一样，光带依然明亮。

不过有一种情况例外：如果你往笼子里灌入烟，光带的光亮马上就减弱了。等到烟雾全部散去以后，那光带便又像之前一样明亮了。假如把雌性萤火虫拿在手掌上，然后轻轻地一捏，只要你捏得不是特别重，那么，光带的光亮并不会减少多少。总之，到目前为止，我们根本就没有什么办法能让光带完全熄灭光亮。

我们如果从萤火虫的发光带上割下一片表皮来，把它放在玻璃瓶或管子里面，表皮还是能够从容地发出亮光，虽然并没有像在活着的萤火虫身体上那么明亮耀眼。因为，对于发光的物质而言，它们并不需要什么生命来支持，只要有氧气就可以发光。于是我们可以推断，即便连接呼吸器官的分支不再被输送氧气，即便是在水中，萤火虫身上的这层表皮同样会发光。

萤火虫发出来的光是白色的，非常柔和，没有一点刺激感，就像星星的光华被这种小小的昆虫给收集起来了一样，让我们怀疑天上的星星原本就是无数萤火虫在那里睡着。

萤火虫的一生都是"光耀门楣"的，从卵开始，到幼虫，到成虫，再到死亡，它们总是发着光。它们永远为自己留一盏希望的灯。

名师赏读

　　法布尔通过观察，了解到了萤火虫的基本特征，雄性萤火虫与雌性萤火虫的区别，萤火虫发光的原理，等等。尤其需要注意的是，雄性萤火虫可以自由地调节发光点的亮度，而雌性萤火虫不能自由地调节发光带的亮度。法布尔运用了一些科学探究的方法，比如，将雌性萤火虫放入一个铁丝笼子里，任意制造噪声，或灌入烟，在不同的情况下，观察光带亮度的变化情况。作者敏锐的观察能力、分析能力和解决问题的能力不得不让人佩服。法布尔对萤火虫的喜爱完全发自内心。

　　不仅是孩子，大人也都很喜欢萤火虫。夜色里，看着这些流动的"星星"在草丛中飞来飞去，无疑能给人一种梦幻感。从生到死，"它们永远为自己留一盏希望的灯"。有灯，就不怕黑暗。我们要找到自身的闪光点，并努力将其发扬光大，就像小小的萤火虫一样。

　　·配套视频

　　·阅读讲解

　　·写作方法

　　·阅读资料

扫码立领

萤火虫的另一面

麻 醉

从萤火虫的光来看，它似乎是一个纯洁、善良、可爱的小动物。但是在这里，我不得不揭穿它，事实上，它是一个凶猛无比的肉食动物。

它是一个非常爱吃肉的家伙。它在捕猎的时候会不择手段，通常，它俘虏的对象是一些蜗牛。让我们来看看萤火虫捕食的方法是怎样的吧。

它在确定了捕捉的对象以后，就给猎物打一针麻醉药，使这个小猎物失去知觉，从而也就失去了防卫抵抗的能力，然后它再来慢慢享用这个战利品。在夏天非常潮湿的时候，你就会发现在路旁边的枯草或者是稻秆上，聚集着大群蜗牛，它们可能是被太阳烤得不行，爬出来乘凉了。它们在那里一动不动，好像睡着了一样。它们在做着自己的美梦，却不知道危险正在向自己靠近。萤火虫就是趁着它们大意时来突袭的。

"突袭"反映出萤火虫捕杀猎物时的迅捷。

除了枯草和稻秆这些地方，蜗牛也常到一些又阴冷又潮湿的沟渠附近去乘凉。正好，萤火虫可以在这里轻轻松松地捕获食物，尽享几顿山珍野味了。通常在这些地方，萤火虫会直截了当，把蜗牛就地处决，省得到手的鸭子飞了。

我曾经在自己家里面设计了一个实验，来观察萤火虫和蜗牛之间的恶战。我拿了一个大玻璃瓶，往瓶子里面塞进一些草，这样就能制造出大自然的感觉；接着，我再往里边放进几只萤火虫，还有一些蜗牛。我取的蜗牛大小适中，因为太大的蜗牛，萤火虫可能没有办法猎取。这一切准备工作就绪以后，我们所需要继续进行的工作就是等待，而且必须要耐心地等待。

攻 击

嘘！好戏上演了。萤火虫已经开始注意到蜗牛的动静了。你看看蜗牛吧，它给自己穿上一件硬硬的马甲——它背上的壳子，只露出外套膜的边缘，它的头和脖子就是从这里伸出来的。那位猎人跃跃欲试，准备发起总攻了。它先做的事情，就是把自己身上随身携带着的兵器迅速地抽出来。

萤火虫的兵器非常小，所以一般不会引起对手的注意。萤火虫的身上长有两片大颚，它们弯曲成钩状，尖利又细小，像毛发一样。如果把它放到显微镜下面观察，你就可以发现，在这把钩子上有一条沟槽，如此而已，这件武器并没有什么其他更特别的地方。然而，这可是一件有用的兵器，是可以置对手于死地的夺命"宝刀"。

萤火虫拿着自己这把锐利的兵器，在蜗牛的外膜上面东扎西刺，将蜗牛杀死。尽管它的手段如此残忍，但是它在狩猎的时候，表面上看来

> 表现出萤火虫是一种外表优雅而内心残忍的昆虫。

却像绅士一样温文尔雅，风度翩翩，好像它并不是在攻击它的食物，而是和蜗牛在亲昵地拉钩。

萤火虫在"拉钩"时，有着自己的花招。你会看到它不慌不忙，有条有理。它每"拉"一次，就是在给蜗牛注射一次麻醉剂，每次注射以后，它总是要停下来一小会儿。萤火虫"拉钩"的次数并不是很多，最多六次。这么几下就能让蜗牛动弹不得，失去了一切知觉，任凭萤火虫摆布了。有时候，萤火虫为保险起见，还要再"拉"几次。

在萤火虫对蜗牛进行攻击的时候，我发现了一个秘密，就是蜗牛没有感觉到任何痛楚。我的依据是我曾经做过的一次小小的实验。

当萤火虫"拉"了四五次以后，我马上把那只受了攻击的蜗牛拿到安全的地方。然后，我用一根很小很小的针去刺激这只蜗牛的肉。但是被我刺到的肉，竟然一点也没有收缩的迹象。这就已经很清楚地表明，此时此刻，这只蜗牛已经一点活气也没有了。它是不会感觉到痛苦的，它已经到另一个世界去了。

真 相

还有一次情况有所不同，我非常偶然地看到一只蜗牛正在向前自由自在地爬行着。忽然，萤火虫向它发起了进攻，几秒钟的时间内，这只蜗牛自己乱动了几下，然后游戏就结束了，它停在了原处，身体也没有了曲线，触角慢慢地耷拉下来，就像漏气的皮球一样瘪了下去。

我原以为它死了，但是我没有放弃，我在它被攻击以后的两天内，每天坚持给它洗浴，清洁身体，特别是伤口。奇迹出现了。这只从表面上看已经一命呜呼的蜗牛居然起死回生了。而且当我用小针刺激它的肉时，它立刻就会有反应，小小的躯体马上就会缩到背壳里藏起来，这充分说明它已经恢复知觉了。

> 准确地写出蜗牛被救助后恢复生气的过程。

于是我在想，这只蜗牛被萤火虫攻击的时候并没有死，而是处于麻醉中，形成了一种假死的状态。如果能够及时抢救，除去麻醉的毒害，它就能起死回生。

有的时候，蜗牛会爬到比较高的地方，比如草秆上。草秆虽然高，但是却给它提供了良好的藏身之所。因为当蜗牛把自己的身体紧紧地依附在这些东西上时，这些东西就起到了盖子的作用。换句话说，蜗牛身体的颜色和这些植物的颜色很相近，于是蜗牛就可以隐藏起来了。

不过它也不能够百分之百骗过萤火虫的眼睛。有的时候，萤火虫慧眼独具，一眼就能够看出蜗牛的伪装。不过，蜗牛身居高处，对于萤火虫来说，猎取有一定的难度。当蜗牛爬在草秆上时，很容易掉下来，哪怕有一点扭动，或者是挣扎，都可能从草秆子上面摔下来。一旦蜗牛落到草堆里面，萤火虫就吃不着了。所以，萤火虫捕捉蜗牛时，必须讲究技巧，要使它在没有丝毫的痛苦感的情况下失去知觉，让它动弹不得，不至于掉下去。因此，萤火虫在进攻蜗牛时，动作都非常轻，丝毫不会惊动蜗牛。

有的时候，萤火虫为了不让自己猎取的食物出现意外，比如掉到地上，或者起死回生之类，往往会就地把它完全吃掉。可见，萤火虫是多么刁钻。

具体方法是这样的，萤火虫首先给蜗牛注入麻醉剂，这些麻醉剂可让蜗牛失去知觉。无论蜗牛的身体大小如何，其肉身常常只有整个身体的四分之一。然后萤火虫再反复"拉钩"，注入消化素，将蜗牛晃成非常稀薄的肉粥。萤火虫的各位客人也三三两两地跑过来了。它们全部聚集到一起，准备和主人一起分享食物。每一位客人都把自己的一种消化素注入蜗牛的身体，让蜗牛身上固体的肉变成流质。两三天以后，如果把蜗牛的身体翻转过来，把它的面孔朝下面放置，那样，它体内盛的东西就会像锅里的羹一样流出来。这些肉粥是先来的萤火虫及客人们吃过以后剩下的饭。

有时候，蜗牛被关在我的玻璃瓶里，它所待的地方不是特别牢固，所以它是非常仔细小心的。有的时候，蜗牛爬到了瓶子的顶部，而那顶口是用玻璃片盖住的。于是，为了能在那里停留得更加稳固、踏实一些，它就利用随身携带着的黏性液体，将自己粘在那个玻璃片上。在这种情况下，萤火虫要想吃到蜗牛，就必须爬到玻璃片上，它常常要利用一种爬行器来使自己倒立在顶盖上。光靠它自己的几只脚，萤火虫休想飞檐走壁而不掉下来。

> 引出下文对萤火虫爬行器的描写。

通过放大镜可以清楚地看到，在萤火虫的六只短足的末端有白点。这主要由十根左右的短小的肉刺组成，它们的样子像是指头。这些指头是不长节的，但是，它们每一个都可以向各个方向随意地转动。有的时候，这些东西合拢在一起成为一团；有的时候它们则张开，呈蔷薇花的形状。不过这些指头不是用来拿什么东西的，而是用来攀附的。就是这精细的结构，这些隆起来的指头，帮助了萤火虫，使得它能够牢牢地吸附在某个地方。当萤火虫想在它所待的地方爬行时，它便让那些指头相互交错地一张一缩，这样一来，萤火虫就可以在看起来很危险的地方自由地爬行了。

萤火虫先仔细地观察一下蜗牛的动静，然后做一下判断和选择，寻找可以下嘴的地方。它就那么迅速地轻轻一"拉"，便足以使对手失去知觉。这一切都发生在一瞬间。

于是，一点也不能拖延，萤火虫开始抓紧时间来制作它的美味佳肴——肉粥，以作为数日内的食品。

尽管蜗牛的肉都被吃光了，但是空的蜗牛壳依然是粘在玻璃片上的，并没有脱落到瓶底上来。而且，壳的位置一点都没有改变，可见萤火虫捕食动作的敏捷和巧妙。

在萤火虫完成野餐之后，这些指头又有新的作用了。萤火虫会利用这种自带的小刷子，在身上各处进行清洁工作，这样既方便，又卫生。它之所以能够如此自如地利用身体的这一器官，主要是因为那些指头有着很好的柔韧性，使用起来相当便利。它饱餐之后会舒舒服服地休息一下，再用刷子一点一点从身体的一端刷到另外一端，而且非常仔细、认真，几乎哪个部位都不会被遗漏掉。看来萤火虫还是非常爱干净的。

名师赏读

在萤火虫可爱的外表之下隐藏着其作为"杀手"的一面。法布尔设计了一个可以观察萤火虫如何捕食蜗牛的装置，让我们得以窥见整个过程。萤火虫用像尖刀一样的颚刺入蜗牛的肉身，注入麻醉剂，多次攻击得手后，蜗牛便失去了知觉；然后，萤火虫注入的消化素会让蜗牛的肉慢慢变成流质；最后，萤火虫就可以享用美食了。另外，萤火虫足部末端的指头在捕食过程中能发挥重要作用，饱餐一顿后，萤火虫也会用它们将自己的身体清洁一番。

通过实验法，法布尔为我们揭示了萤火虫这种肉食昆虫凶猛的本性。利用放大镜等工具，法布尔对萤火虫的捕食过程做了细致入微的观察，描写精彩，情节生动，语言妙趣横生，使萤火虫的形象跃然纸上。

蟋蟀——小心翼翼的歌者

曾经有个故事是讲述昆虫的：一只可怜的蟋蟀跑出来，到它的门边，在金黄色的阳光下取暖，看见了一只趾高气扬的蝴蝶飞来。蝴蝶飞舞着，后面拖着骄傲的尾巴，新月形的蓝色花纹排成长列，还有深黄的星点与黑色的长带。骄傲的飞行者轻轻地掠过，而隐士蟋蟀说道："飞走吧，整天到你们的花里去徘徊吧，不论菊花白，玫瑰红，都不足与我低洼的家相比。"突然，来了一阵风暴，雨水擒住了飞行者，它破碎的丝绒衣服上染上了污点，它的翅膀被涂满了烂泥。蟋蟀藏匿着，淋不到雨，用冷静的眼睛看着，发出歌声。风暴的威严与它毫不相关，狂风暴雨从它的身边无碍地过去。不要过分享受快乐与繁华，一个低洼的家，安逸而宁静，至少可以给你不需要忧虑的时光。从这个故事里，我们可以认识一下可爱的蟋蟀。

筑　巢

我经常在蟋蟀住宅的门口看到它们卷动着触须。它们一点也不妒忌那些在空中翩翩起舞的各种各样的花蝴蝶。相反，蟋蟀倒有些怜悯它们。它们那种怜悯的态度，就好像我们常看到的一样，那种有家庭的人，能体会到家庭的欢乐的人，每当讲到那些无家可归、孤苦伶仃的人时，都会流露出的怜悯之情。

蟋蟀也从来不诉苦、不悲观，它一向是很乐观、很积极向上的，它

> 将蟋蟀比作"哲学家"，写出了蟋蟀乐观、积极向上而又清醒、冷静的特征。

对于自己拥有的房屋，以及它那把简单的小提琴，都相当地满意和欣慰。可以这样说，在某种意义上，蟋蟀是个地道、正宗的哲学家。它似乎清楚地懂得世间万事的虚无缥缈，并且还能够感觉到那种躲避开盲目地、疯狂地追求快乐的人

的扰乱的好处。

确实，在建造巢穴方面，蟋蟀可以算是超群出众的了。在各种各样的昆虫之中，只有蟋蟀在长大之后拥有固定的住所，这也算是对它辛苦工作的一种报酬吧！在一年之中最坏的时节，大多数其他种类的昆虫，都只是在一个临时的避难所里暂且安身，躲避自然界的风风雨雨。因此，它们的避难场所来得方便，在放弃的时候，也并不会觉得可惜。

这些昆虫在很多时候，也会制造出一些让人感到惊奇的东西，以便安置它们自己的家。比如，棉花袋子，用各种树叶制作而成的篮子，还有那种水泥制成的塔，等等。

有很多昆虫，它们长期在埋伏地点伏着，等待着时机，以捕获自己等待已久的猎物。例如虎甲虫，它常常挖掘出一个垂直的洞，然后利用它自己平坦的、青铜色的小脑袋塞住洞口。一旦有其他种类的昆虫踏上这个具有迷惑性的大门，那么，虎甲虫就会立刻行动，毫不留情地掀起门的一面来捕捉它。于是，这位很不走运的过客，就这样落入虎甲虫精心伪装起来的陷阱里，不见了踪影。

要想建成一个稳固的住宅，并不是简单的事。不过，现在对于蟋蟀、兔子，还有人类来说，这已经不再是什么大问题了。在与我的住地相距不太远的地方，有狐狸和獾的洞穴，它们绝大部分只是由不太整齐的岩石构建而成的，而且一看就知道这些洞穴很少被修整过。对这类动物而言，只要能有个洞暂且栖身，"寒窑虽破能避风雨"也就可以了。相比之下，兔子要比它们聪明一些。如果这个地方没有任何天然的洞穴可以供兔子居住，以便躲避外界所有的侵袭与烦扰，那么，它们就会到处寻找自己喜欢的地点进行挖掘。

然而，蟋蟀要比它们中的任何一位聪明得多。在选择住所时，它常常轻视那些偶然碰到的以天然的避难场所为家的动物，它总是非常慎重地为自己选择一个最佳的家庭住址。

蟋蟀很愿意挑选那些排水条件优良，并且有充足而且温暖的阳光照射的地方，凡是这样的地方，都被视为佳地，要优先考虑。蟋蟀宁可放弃那种天然的洞穴，因为，那些洞都不合适，而且它们都十分简陋，没有安全保障，有时其他条件也很差。总之，那种洞不是首选。蟋蟀要求自己的别墅每一处都必须是自己亲手挖掘而成的，从大厅一直到卧室，无一例外。

除去人类，至今我还没有发现哪种动物的建筑技术比蟋蟀更加高超。

即便是人类，在混合沙石与灰泥使之凝固以及用黏土涂抹墙壁的方法尚未发明之时，也不过是以岩洞为避难场所，和野兽进行战斗，和大自然进行搏击。那么，为什么这样一种非常特殊的本能，大自然单单赋予了蟋蟀这种动物呢？它拥有一个自己的家，有很多人类所不知晓的优点：它拥有安全可靠的藏身之处；它有享受不尽的舒适感；同时，在属于它自己的家的附近地区，谁都不可能居住下来，成为它的邻居。除了我们人类，没有谁可以与蟋蟀相比。

令人感到疑惑不解的是，这样一种小动物，它怎么会拥有这样的才能呢？难道说，大自然偏向它，赐予了它某种特别的工具吗？当然，答案是否定的。

蟋蟀可不是什么掘凿技术方面的一流专家。实际上，人们也仅仅是因为看到蟋蟀工作时的工具非常柔弱，所以才对蟋蟀有这样的工作成果、建造出这样的住宅感到十分惊奇的。

那么，是不是因为蟋蟀的皮肤过于柔嫩，禁不起风雨的考验，才需要这样一个稳固的住宅呢？答案仍然是否定的。因为，在它的同类兄弟姐妹中，也有和它一样，有柔美的、感觉十分灵敏的皮肤的昆虫，但是，它们并不害怕在露天处待着，并不怕暴露于大自然之中。

那么，能建筑它那平安舒适的住所的高超才能，是不是缘于它的身体结构呢？它到底有没有进行这项工作的特殊器官呢？答案又是否定的。

歌　唱

在我住所附近的地区，生活着另外三种不同的蟋蟀。

这三种蟋蟀，无论是外表、颜色，还是身体的构造，和一般田野里的蟋蟀都是非常相像的。人们刚一看到它们，就经常把它们当成田野中的蟋蟀。然而，就是这些由一个模子刻出来的同类，竟然没有一个晓得究竟怎样才能为自己挖掘一个安全的住所。

其中，有一种身上长有斑点的蟋蟀，它只是把家安置在潮湿地方的草堆里边；还有一种十分孤独的蟋蟀，它在园丁们翻土时弄起的土块上寂寞地跳来跳去，像一个流浪汉一样；而更有甚者，如波尔多蟋蟀，甚至毫无顾忌、毫不恐惧地闯到了我们的屋子里来，而不顾主人的意愿。从八月份到九月份，它独自待在那既昏暗又凉爽的地方，小心翼翼地唱着歌。

在那些青青的草丛之中，常常隐藏着一条有一定倾斜度的隧道。在这里，即便是下了一场滂沱的暴雨，地面也会立刻就干了。这条隐蔽的隧道，最多不过有九寸深的样子，宽度也就像人的一根手指头那样。隧道按照地形的情况和性质，或是弯曲，或是垂直。差不多如同定律一样，总是要有一簇草把这间住屋半遮掩起来，其作用是很明显的，它如同一个罩壁一样，把进出洞穴的孔道遮蔽在黑暗之中。蟋蟀在出来吃周围的青草的时候，绝不会去碰一下这一簇草。那微斜的门口，被它仔细用扫帚打扫干净，收拾得很宽敞。这里就是它们的一座平台。<u>每当四周很宁静的时候，蟋蟀就会悠闲自在地聚集在这里，开始弹奏它们的提琴了。</u>多么温馨的仲夏消暑音乐会呀！

> 运用拟人的修辞手法，描写蟋蟀鸣叫时的情景。

为了科学研究，我们可以很坦率地对蟋蟀说道："把你的乐器给我们看看。"

蟋蟀的乐器是非常简单的。它和螽斯的乐器很相像，它们的原理是一样的，都有一张弓，弓上有一只钩子，以及一种振动膜。蟋蟀的右翼鞘差不多完全遮盖着左翼鞘，只除去后面和包在体侧的一部分，这种样式和我们原先看到的蚱蜢、螽斯及其同类的相反。蟋蟀是右边的翼鞘盖着左边的，而蚱蜢等是左边的翼鞘盖着右边的。两个翼鞘的构造是完全一样的，知道一个的样子也就知道另一个的样子了。它们分别平铺在蟋蟀的身上，折成直角，紧裹在身上，上面还长有翅脉。

如果你把两个翼鞘揭开，然后朝着亮光仔细地看，你可以看到，除了两个翼鞘相连的地方，翼鞘是极其淡的棕红色。翼鞘连接处前面呈一个大的三角形，后面呈一个小的椭圆形，上面生长有模糊的皱纹，这两个地方就是它的发声器官。这里的皮是透明的，比其他地方的要更加紧致些，只是略带一些烟灰色。围绕着空隙的两条脉线中的一条呈肋状。类似钩的样子的东西就是弓，它约有一百五十个锯齿，呈三棱柱状，整齐得几乎符合几何学的规律。

这的确可以说是一件非常精致的乐器。弓上的一百五十个锯齿，嵌在对面翼鞘的梯级里面，使四个发声器同时振动。下面的一对直接摩擦，上面的一对摆动摩擦。蟋蟀只用四只发音器就能将音乐传到几百米远的地方，可以想象这声音是如何的急促哇！

此处比较蟋蟀和蝉的鸣叫声，突出了蟋蟀声音的美妙。

它的声音可以与蝉清澈的鸣叫声相媲美，并且没有后者粗糙的声音。比较来说，蟋蟀的声音要更好听一些，这是因为它知道怎样调节它的曲调。蟋蟀的翼鞘向着两个不同的方向伸出，形成一个阔边，这就形成了制音器。如果把阔边放低一点，就能改变声音的强度。根据制音器与蟋蟀柔软的身体接触程度的不同，蟋蟀可以一会儿发出柔和的低声，一会儿又发出极高亢的声调。

蟋蟀身上的两个翼鞘完全相同，这一点是非常值得注意的。我可以清楚地看到上面的弓的作用和四个发音部位的动作。但下面的那一个，即左翼的弓又有什么样的用处呢？它不被放置在任何东西上，没有东西接触同样装饰着齿的钩子。它是完全没有用处的，除非能将两部分器具调换一下位置，把下面的放到上面去。如果这件事可以办到的话，那么器具的功用还是和以前相同，只不过这一次是利用它现在没有用到的那只弓演奏罢了。虽然下面的弓放在了上面，但是它所演奏出来的调子还是一样的。

最初我以为蟋蟀的两只弓都是有用的，至少它们中有些是用左面那一只的。但是观察的结果恰恰与我的想象相反，我所观察过的蟋蟀（数目很多）都是右翼鞘盖在左翼鞘上的，没有一只例外。

我甚至用人为的方法来做这件事情，我非常轻巧地用我的钳子，将蟋蟀的左翼鞘放在右翼鞘上，绝不碰破它一点皮。只要有一点技巧和耐心，这件事情是容易做到的。事情的各方面都做得很好，蟋蟀肩上没有脱落，翼膜也没有皱褶。

我很希望蟋蟀在这种状态下仍然可以尽情歌唱，但不久我就失望了，它开始恢复到原来的状态。我一而再，再而三地摆弄，但是蟋蟀的顽固终于还是战胜了我的摆布。

后来我想这种实验应该在翼鞘还是新的、软的时候进行，即在幼虫刚刚蜕去皮的时候。我得到即将蜕化的一只幼虫，在这个时候，它未来的翼和翼鞘的形状就像四个极小的薄片，它们短小的形状和向着不同方向平铺的样子，使我想到面包师穿的那种短马甲，这幼虫不久就在我的面前脱去了这层衣服。

> 作者把蟋蟀幼虫的翼和翼鞘比作"面包师的短马甲"，形象地说明了其形状特征。

小蟋蟀的翼鞘一点一点长大，这时还看不出哪一扇翼鞘盖在上面。后来两边接近了，再过几分钟，右边的马上就要盖到左边的上面去了，于是这时是我加以干涉的时候了。

我用一根草轻轻地调整鞘的位置，使左边的翼鞘盖到右边的上面。小蟋蟀虽然有些反抗，但最终我还是成功了。左边的翼鞘被推向前方，虽然只有一点点。于是我放下它，翼鞘逐渐在变换位置的情况下长大，蟋蟀逐渐向左边发展了。我很希望它使用它的家族从未用过的左琴弓来演奏出一曲同样美妙动人的乐曲。

第三天，它就开始演奏了。我先听到几声摩擦的声音，好像机器的齿轮还没有磨合好，正在调整一样。然后曲子开始了，还是它那种固有

的音调。

唉，我过于信任我破坏自然规律的行为了。我以为已造就了一位新式的奏乐师，然而我一无所获。蟋蟀仍然拉它右面的琴弓，而且常常如此拉。它拼命努力，想把我颠倒放置的翼鞘放回原来的位置，弄得肩膀都脱臼了，现在它已经经过自己的几番努力与挣扎，把本来应该在上面的右翼鞘又放回了原来的位置上，应该放在下面的仍放在下面。我想把它做成左手演奏者的方法是缺乏科学性的，它以它的行动来嘲笑我的做法，最终，它的一生还是以右手琴师的身份度过的。

乐器已讲得够多了，让我们来欣赏一下它的音乐吧！

蟋蟀是在自家的门口唱歌的，而且是在温暖的阳光下，从不躲在屋里自我陶醉。翼鞘发出"克力克力"柔和的振动声，音调圆满，非常响亮，而且延长之处仿佛永无休止。这位隐士最初的歌唱是为了让自己过得更快乐些。它在歌颂照在它身上的阳光，供给它食物的青草，给它遮蔽风雨的避难所。它拉弓的第一目的，是歌颂它生存的快乐，表达它对大自然恩赐的谢意。

到了后来，它不再以自我为中心了，它逐渐为它的伴侣而弹奏。但是据实说来，它的这种关心并没收到感恩的回报，因为到后来它和它的伴侣争斗得很凶，除非它逃走，否则它的伴侣会把它弄成残废，甚至吃掉它的一部分肢体。不过无论如何，它不久总要死的，就算它逃脱了好争斗的伴侣，在六月里它也是要死亡的。

听说喜欢听音乐的希腊人，常将蝉养在笼子里，好听它歌唱。然而我不信这回事，至少是表示怀疑。

第一，蝉发出的略带烦嚣的声音，如果靠近听久了，耳朵会受不了，希腊人的耳朵恐怕不见得爱听这种粗糙的、来自田野间的音乐吧！

第二，蝉是不能被养在笼子里面的，除非我们将油橄榄或梧桐树一齐罩在里面。因为只要关一天，就会使这种喜欢高飞的昆虫厌倦而死。

希腊人将蟋蟀错误地当作蝉，好像将蝉错误地当作蚱蜢一样，并不是不可能的。如果如此形容蟋蟀，那么是有一定道理的。蟋蟀常住在家里，使它能够被饲养，它是很容易满足的。只要它每天有莴苣叶子吃，就是被关在不及拳头大的笼子里，它也能生活得很快乐，不住地叫。雅典小孩子挂在窗口笼子里养的，不就是它吗？

普罗旺斯的小孩子，以及南方各处的小孩子，都有同样的嗜好。至于在城里，蟋蟀更成为孩子们的珍贵财产了。

这种昆虫在主人那里受到各种恩宠，享受各种美味佳肴。同时，它也以自己特有的方式来回报好心的主人，不时地为他们唱起乡下的快乐之歌。因此它的死能使全家人都感到悲哀，这足以说明它与人类的关系是多么亲密了。

我们附近的其他三种蟋蟀，都有同样的乐器，不过细微处有一些不同。它们的歌唱在各方面都很像，不过它们身体的大小各有不同。波尔多蟋蟀有时候到我家厨房的黑暗处来，它是蟋蟀一族中最小的，它的歌声很细微，必须要侧耳静听才能听见。

田野里的蟋蟀在春天有太阳的时候歌唱，在夏天的晚上，我们则会听到意大利蟋蟀的声音。

> 从外形、生活习性和叫声等方面说明了意大利蟋蟀的特点。

意大利蟋蟀是一种苍白瘦弱的昆虫，颜色十分浅淡，似乎和它夜间行动的习惯相吻合。如果你将它放在手指中，你就会怕把它捏扁。它喜欢待在高一点的地方，在各种灌木里，或者是比较高的草上，很少爬到地面来。在七月到十月炎热的夜晚，它甜蜜的歌声从太阳落山起，持续至半夜也不停止。

普罗旺斯的人都熟悉它的歌声，最小的灌木叶下也有它的乐队。很柔和很缓慢的"格里里、格里里"的声音，加以轻微的颤音，格外有意思。如果没有什么事打扰它，这种声音将会一直持续并不改变，但是只要有一点声响，它就变成迷惑人的歌者了。你本来觉得它在离你很近的地方唱歌，但是忽然，它已在二十步以外的地方了。但是如果你朝着这个声音走过去，它却并不在那里，声音还是从原来的地方传过来的。其实，也并不是这样的。这声音是从左面、右面，还是从后面传来的呢？

你完全被搞糊涂了，简直辨别不出歌声发出的地点了。

这种距离不定的幻声，是由两种方法造成的：声音的高低与抑扬，根据下翼鞘被弓压迫的部位而不同；同时，声音的高低与抑扬也受翼鞘位置的影响。如果要发较高的声音，翼鞘就会抬得很高；如果要发较低的声音，翼鞘就低下来一点。淡色的蟋蟀会迷惑来捕捉它的人，用它颤动板的边缘压住柔软的身体，以此将来者搞昏。

在我所知道的昆虫中，没有什么昆虫的歌声比它的更动人、更清晰。在八月夜深人静的晚上，我们可以听到它的演奏。我常常俯卧在迷迭香旁边的草地上，静静地欣赏这种悦耳的音乐，那种感觉真是十分惬意。

意大利蟋蟀聚集在我的小花园中，在每一株开着红花的野玫瑰上，都有它的身影，薰衣草上也有很多。野草莓树、小松树也都变成了音乐场所。它的声音十分清澈，富有美感，特别动人。所以在这个世界中，从每棵小树到每根树枝上，都飘出颂扬生存的快乐之歌。

在我头顶上，天鹅星座闪烁于银河之间。而在地面上，围绕着我的，有昆虫快乐的歌唱声，时起时息。微小的生命诉说它的快乐，使我忘记了星辰的美丽，我已然完全陶醉于美妙的音乐世界之中了。那些繁星向下看着我，静静的，冷冷的，一点也不能打动我内在的心弦。为什么呢？因为它们缺少一个大的秘密——生命。确实，我们的理智告诉我们：那些被太阳晒热的地方，同我们的世界一样。不过终究说来，这种信念也等于一种猜想，这不是一件确定无疑的事。

相反地，我的蟋蟀，让我感到生命的活力，这是我们土地的灵魂。这就是为什么我不看天上的星辰，而将注意力集中于它们的夜歌。

一个活着的微点——最小最小的生命的一粒，它的快乐和痛苦，比无限大的物质更能引起我无限的兴趣，更能打动我！

名师赏读

  昆虫家族里，论建造巢穴，蟋蟀可谓出类拔萃。蟋蟀拥有非凡的建穴才能，它们会放弃天然的洞穴，选择排水条件优良、光照充足、便于藏身、安全可靠之地亲手挖掘居所。法布尔向我们介绍了几种蟋蟀不同的外貌特征、生活习性等，而这些蟋蟀之间的相同点就是它们的美妙叫声了。蟋蟀是"右手琴师"，它们懂得如何调节"曲调"。法布尔尝试着改变蟋蟀的翼鞘位置，想使它成为"左手演奏者"，结果所有努力都是白费力气。

  本节对蟋蟀的描写细致丰富，用词造句形象活泼。读后，我们对这种昆虫有了更多的了解——原来蟋蟀的世界是这么精彩。法布尔的实验也让我们明白：人为地违背自然规律并不可取，注定是要失败的。

- 配套视频
- 阅读讲解
- 写作方法
- 阅读资料

扫码立领

蝗虫——追逐阳光的歌手

抓蝗虫

"孩子们！明天，在气温还不太热时，都准备好了，我们去抓蝗虫！"这是我们农村孩子经常听到的一句话。在我们的心中，蝗虫总是和偷吃庄稼、危害人类的负面形象联系在一起。所以孩子们一听到"抓蝗虫"，就全都兴奋起来。因为在我们心中，抓蝗虫不仅仅保护了庄稼，而且也没有任何血腥的场景，是轻轻松松的抓捕活动。

谈到蝗虫，我们不如想一想：它们究竟是什么样子呢？蓝色的或红色的翅膀突然像扇子一样张得大大的。它们的长腿是天蓝色或者玫瑰红色的，还带着锯齿，有力地蹬踏着地面。粗粗的后腿就像弹簧一样，可以让它们弹跳得很高。

> 细致的描写形象地写出了蝗虫的外形特征。

我知道抓蝗虫是一件吸引孩子的事情，所以我叫上了两个小孩子当我的助手，一起抓蝗虫。那个男孩名叫小保尔，那个女孩叫玛丽。

只见小保尔身轻如燕，手脚灵活，眼观六路，耳听八方，他在灌木丛里看见了一只正在沉思的蝗虫。当他靠近时，蝗虫却如惊弓之鸟一样突然飞起。小保尔拼命地追，可还是让它给跑了。玛丽就要幸运一些，她发现了一只蝗虫，然后举起自己的手，靠近，靠近，按下。哈，逮住了！

就这样，我们一起抓了各种各样的蝗虫。面对这些战利品，我提出了我的疑问："你们对庄稼有什么作用呢？书上把你们说得很坏，但是我却不完全同意。"

没有了蝗虫，农民家养的火鸡就会失去美餐，那么它们怎么能够长出结实鲜美的鸡肉以供人们享用呢？

母鸡也喜欢吃蝗虫，它非常了解蝗虫可以提高自己的繁殖能力，使自己多产。还有呢，法国南方著名的特产红胸斑山鹑，好吃至极，它们也是酷爱吃蝗虫的。普罗旺斯地区有种具有优美歌喉的候鸟，长到九个月就非常肥美，它们吃东西时首选蝗虫，然后才选择其他昆虫。

有的时候，人还吃蝗虫呢！当然，人吃蝗虫需要有很好的肠胃才行。我就曾经抓了一大把肥大的蝗虫，抹上奶油和盐，煎熟以后，分给孩子们当晚餐吃。它们的味道挺好的，有点像虾的味道，也有点像螃蟹的味道。总之，我并不认为蝗虫有百害而无一益。

乐曲声

这种浑身上下充满营养成分，向许多土著居民提供食物的昆虫，用乐器来表达它的欢乐。一只在阳光下面享受日光浴的蝗虫，突然发出了一点声音。这个声音非常微弱，弱得我们都不敢肯定是否有声音传出，这种声音就像是针尖划过纸片的声音。它时断时续地发出声音，反复几次，然后停顿一会儿，这就是蝗虫弹出的音乐。

> 这句话形象地说明了蝗虫发出的声音细小、微弱的特点。

蝗虫是如何弹出音乐的呢？让我们先看看意大利蝗虫吧。这种蝗虫的后腿呈流线型，腿的侧面有两条竖着的粗肋条，而粗肋条之间有很多人字形的细肋条。仔细看看它的这些肋条，你会发现它们都非常光滑。在翅膀的下部边缘长着粗壮的纹脉，当蝗虫想弹奏乐曲的时候，它就将自己的腿不停地抬高和放低，形成一种颤动。它的腿在颤动中摩擦着身体的侧面，就像我们在搓自己的双手一样，从而发出一丁点声音。

当天空轻云片片、太阳时隐时现时，我们来观察蝗虫吧。

你瞧，太阳露出来了，蝗虫的后腿开始一上一下地抖动，阳光越强越热，那抖动就越剧烈，并且只要阳光照射着，它就一直抖动，唱个不停；而一旦太阳被云遮住，蝗虫的歌唱就立即停止；等到阳光重现时，歌唱便重新开始。

这也许就是热爱阳光的蝗虫表达自己舒适欢乐的简单而直接的方式吧。

灰蝗虫的腿看起来也很长，但它不用它们奏响音乐。灰蝗虫自有一种与众不同的表示快乐的方式，即使是在隆冬季节，这种大虫子也会经常出现在荒石园里。遇上风和日暖的时候，我会看到它停在迷迭香枝干上，张开翅膀，迅速拍打几分钟，好像要飞起来。那双翅膀虽然拍打的速度很快，发出的声音却几乎听不见。

阿尔卑斯山地区生长着不少红股秃蝗，模样很有趣。在那里，遍地长着帕罗草，像覆盖大地的银色地毯，红股秃蝗就在那上面溜达散步。它穿着短短的紧身上衣，像点缀其间的花一样鲜艳。

作者运用拟人的修辞手法将红股秃蝗描写得惟妙惟肖。

红股秃蝗的穿着既优雅又简朴，背像淡棕色的缎子，肚子呈黄色，后腿基节呈珊瑚红色，腿节呈天蓝色，非常漂亮。

它虽然着装艳丽，但模样仍然像若虫，仍然穿着很短的衣服。红股秃蝗的前翅粗糙，彼此间隔开，好似西服的后摆，长不超过腹部的第一节，后翅更短，连前胸也遮不住。初次见到它的人会把它当作若虫，但其实它已是发育完全的成虫了，红股秃蝗至死都是几乎未穿衣服的模样。

如果说别的蝗虫发出的声音很轻微，那么红股秃蝗则完全不发出声音。我们中间耳朵最灵敏的人，再用心去听也没有用，我喂养了它三个月，却没有听见过任何声音。这种默不作声的虫子，一定会有其他办法来表达欢乐、召唤同类的。然而是什么办法呢？我不知道。

名师赏读

我们一直视蝗虫为害虫，蝗灾一来，庄稼就惨遭毁坏。但在法布尔眼中，蝗虫却变成了可爱的昆虫。它浑身都是营养，是火鸡、候鸟，甚至土著居民的食物。他还亲自抓蝗虫，煎了当晚餐。不过，最吸引我们的还是蝗虫的生活习性——喜欢日光浴和弹奏音乐。蝗虫的后腿就是一对简单的乐器，在阳光下，它们依靠腿的颤动弹奏音乐，声音时断时续，非常微弱。不过凡事都有例外：荒石园里有一种灰蝗虫，它们用拍打翅膀的方式奏乐；而模样有趣、外表鲜丽的红股秃蝗

则完全不发出声音。

　　法布尔仔细描写了蝗虫的外形特征，以及它们的发声方式，重点介绍了灰蝗虫和红股秃蝗的独特之处，一定程度上改变了人们对蝗虫的固有印象——它们并不是只有百害而无一益。当你看到它们懒洋洋地待在枝叶上，安然享受阳光，后腿随光照的变化打着轻重缓急的拍子时，你或许就会觉得，这小小的生灵是多么可爱！

· 配套视频

· 阅读讲解

· 写作方法

· 阅读资料

扫码立领

蓑蛾和它的产卵

　　春季来临的时候，无论是在灰蒙蒙的小路上，还是在破旧的城墙壁上，都会有一些奇怪的现象让我们费解。究竟是怎么回事呢？就像受到什么惊吓似的，原本静止着的一些小柴捆突然间晃动起来。我们可以看到在柴捆里面有一条黑白色的小毛虫，看起来挺漂亮的，长得也有点粗壮。待在柴捆里的它们就好像发动机一样，带着柴捆行动。小毛虫身体的前半部分有六只爪子，它们只将自己身体的一部分伸出柴捆，即一半的身体和一个脑袋。一旦发现外界有动静，它们就会立刻将全部身体都缩回柴捆，一动也不动。这些小东西的行为有什么目的呢？原来它们是在为自己将要发生巨大变化的身体寻找最合适的容身地点，才钻在柴捆里四处游荡的。这也是柴捆会动弹的原因。

　　为了让自己的身体不受伤害，在发生变化之前，毛虫就会躲在柴捆之中。柴捆虽然简陋，但也是一个不错的避难所。毛虫会一直躲在这个临时搭建的小屋子里，直到身体蜕变之后才会将它抛弃。这个小屋子的里层是由棕色呢制成的，这种材料十分罕见，毛虫在里面就像穿着隐身衣似的，非常安全。这个小房子比流浪者的麦秸顶篷马车要好得多。当然了，这些由零散的小树枝搭建编织起来的外衣的确有些扎，特别是对毛虫娇嫩的身子来说，更是如此。不过没关系，因为毛虫已经为自己编织了一层厚厚的丝绒里子。生活在多瑙河岸的农民们系着海生灯芯草腰带，还穿着用山羊毛制成的宽袖外套。锯角叶甲也穿着陶瓷般的衣服。与他们相比，毛虫的柴捆外衣就显得更加质朴了。

　　这些钻在柴捆里面的小毛虫是蓑蛾家族的成员。"蓑蛾"一词是灵魂的意思，暗指古时候的普赛克①。

　　由于为昆虫专业词汇分类的那些人目光不长远，他们并没有真正

---

① 普赛克：蓑蛾的法文音译。在希腊神话中，普赛克是人类灵魂的化身。

弄清"蓑蛾"这个词的意思，只是想取一个雅致一点的名字，所以"蓑蛾"这个名称就显得有些名不副实。不过他们也的确找不到其他名字了。

在毛虫身体临近蜕变之时，它们通常会显得昏昏沉沉。我找到了一个最佳的观测场所，毛虫在这里成堆地聚集着，那就是阿尔邦①卵石地。这时候正值四月，这些毛虫能够让我更好地对蓑蛾进行研究。由于现在还不能观察到其他的现象，所以我想先对柴捆进行一番观察。

柴捆看起来像一个纺锤的形状，大约有四厘米的长度，前段是固定着的，后面的部分则比较松垮，因为这样的方式柴捆比较容易活动。整个柴捆编织得有条有理，非常整齐。但这貌似不是一个能够很好地挡风遮雨的房子，因为这里并没有其他的遮蔽物，除了用麦秸制成的房顶。不过我对这个柴捆只是进行了大致的观察，大概"麦秸"这个词并不适合用在这里。事实上，禾本科植物的茎秆很少被用到，这是有益于蓑蛾家族将来的发展的。

我没有在中间是空着的小栅条内找到任何一件适合蓑蛾的物品。那里堆积着乱七八糟的东西：有蒴果的花葶和山柳菊；有禾本科植物的叶子、带鳞片的细枝和小块的木柴——当然木柴这种材料是在迫不得已的情况下才会被选用的；还有一些含有髓质的残渣，比如各式各样的菊苣，它们看起来非常轻薄、细嫩、小巧。有时候带荷叶边的宽大物体也会派上用场，这种物质可以被用在柴捆膜上，这是圆柱体零件的短缺造成的。总的来说，不论什么东西，只要能够将柴捆建造成功，蓑蛾都会用到。

蓑蛾对编织房屋的材料没有太多特殊的要求，除了对含有髓质的物质有偏爱。我在上面所举出的例子并不完全，蓑蛾的毛虫认为任何物质都有其用途，所以它们总是会不加区别地对待这些东西。毛虫不会对找来的材料进行特别的加工，无论长度如何，也无论样子怎样，只要是干燥的、轻薄的、面积大小合适的，而且能够在空气中长期保存的都可

---

① 阿尔邦：法国东部城市。

以。就连屋顶上方的板条它们也不会对其进行切割，而只是将它们收集并且排列组合。它们将板条呈叠瓦状排列，一根接着一根。它们只要把这些板条的前段固定下来就可以了。

在柴捆的前端并没有由小梁形成的覆盖层，那里有着比较特殊的结构。因为覆盖层比较坚硬，而且也比较长，所以有可能使毛虫不能灵便地活动与劳作，甚至会完全阻碍毛虫的行动。为了保证毛虫能活动自如，让它们的脚在放置新材料时能够自由活动，柴捆的前端需要有非常灵活的结构，这就是一个圆筒似的颈状物，它能够让毛虫在任何一个方向上进行劳作而不受到丝毫妨碍。

颈状物上面布满了细小的木块，它们对柴捆的牢固程度有着适当的加固作用，同时也不会降低柴捆的韧性。蓑蛾的毛虫会用自己的大颚将原本干燥的麦秸磨碎，然后用其残渣制成一个有茸毛的外壳，而颈状物的内部是由纯丝做成

> "磨碎""制成"两个动词生动地写出了蓑蛾的毛虫制作外壳的过程。

的。丝绒在风吹日晒之后褪去了原有的光润与丝滑，看起来有些陈旧。柴捆的尾部非常长，裸露着。其实这个部位只是一个附属品，它的顶端呈半开状。颈状物整体上呈丝质的网状结构，由于它能够让毛虫自如地进行活动，所以几乎所有的毛虫都会利用它。每只毛虫的柴捆前端都会有这么一个摸上去很柔软，而且也易于弯曲的颈状物。无论各个毛虫柴捆的其他部位有多大的不同，颈状物这个部位都是不可或缺的。

接下来我想了解一下构成柴捆的栅条的数量，因此我必须把柴捆一个个地拆掉。栅条被拆解后，我发现里面是一个空心的圆柱体，从前到后，每个柴捆都是如此。我能够很清楚地辨认出圆柱体的两端，它们都裸露在外面，有着非常结实的丝质组织，用手指根本不能将它们拉断。这种丝质组织的外部呈灰色，比较粗糙，还有一些小木片嵌在上面；内部则是白色的，细腻光滑。构成不同柴捆的栅条数目各不相同，有的柴捆甚至由八十根以上的栅条构成。

那么，蓑蛾的毛虫是用什么技巧来为自己制作这个柴捆外衣的呢？我对这个问题进行探索的时机到来了。柴捆由合成材料制成，这层合成

材料的上面还覆盖着一层木质棕色粗呢，这种物质不仅能够使柴捆变得结实牢靠，而且能节约丝。由于毛虫细嫩的皮肤需要与柴捆的内里直接接触，这层内里必须格外柔软与光滑，因而组成合成材料的物质也要柔软。它是由丝绒还有其他一些物质组成的。呈叠瓦状排列的板条也是这层内里的组成部分。

我至今发现的蓑蛾有三个种类，虽然它们在柴捆的基本布局上都保持着一致，但是不同的柴捆在细节方面有着很大的差异。像第二种蓑蛾的柴捆就在细节上与其他两类蓑蛾所造的柴捆有着不同之处。这种蓑蛾的柴捆无论是在大小上还是在建造的整齐程度上，都胜过了另外的两个种类所造的柴捆。

我是在六月底发现这类蓑蛾的，它们藏在一条满是尘土的小路上。它们的柴捆有着非常厚密的覆盖层，有很多的小木块镶嵌其中。一般的蓑蛾在身体的前段总会有用枯叶做成的一个类似头巾的东西，看上去有些笨重。这种头巾在第一种蓑蛾身上非常常见，它们作为装饰物已经变得非常流行了。但是，我在新近发现的这种蓑蛾身上并没有找到这种头巾。不仅如此，除了颈状物这种不可缺少的部分，在这种蓑蛾身体的后部也没有发现裸露着的部位。这种蓑蛾的整个身体都由小栅条覆盖着。它们的柴捆虽然中规中矩，变化不多，但是在整齐与规整之中还透着一份雅致。我在这类蓑蛾的柴捆中也发现了很多组成物：纤细的麦秸片，源于禾本科植物叶子的长带子，中空的、不同性质的小段，等等。

第三种蓑蛾在冬天快要逝去的时候就开始到处爬，墙上或者圣栎树、榆树、油橄榄树以及其他不论什么树的坑坑洼洼、凹凸不平的枯树皮里，只要是能够藏身的地方，它们都会钻进去。这种蓑蛾的体形比起其他两种蓑蛾的体形来说是最小的，它们的柴捆外套也是最为朴素的。它们所居住的柴捆由一些腐烂的麦秸制成，随随便便的一堆麦秸就可以拿来用。这些麦秸被平行地、呈叠状地放置起来，再加上柴捆的里层，就构成了蓑蛾的外衣。它们的柴捆确实非常经济，这对它们来说很不容易。柴捆并不大，像个盒子似的，前后不到一厘米。还在四月的时候，我到处搜罗着第三种蓑蛾，然后将它们放置在金属的钟形网罩内。

它们虽然在外表上显得普通而不被人注意，但是却能够为我们提供有关蓑蛾的最原始的资料。我不知道它们以什么为食，好在我现在也不想知道它们吃什么。至于其他的情况，我更是一无所知。这些蓑蛾的毛虫在蜕变之前都是悬挂在树皮或是墙上面，不过我已经将它们拿下来放在了钟形网罩里。它们现在还是蛹，我看到有几只还比较活跃。它们为了让自己能够再次悬挂起来而不停地忙前忙后，用丝线将自己吊挂在钟形网罩的顶端。一番忙乱的景象过后，钟形网罩里面又恢复了原有的宁静。

到了六月末，这些蓑蛾的毛虫就蜕变了。雄蛾孵出来后，它的茧壳会留在柴捆中，有一半多的部分插在里面。这个柴捆外衣将会永远地留在原先的位置，在黏附点上面固定着，最终被糟糕的天气摧毁。毛虫蜕变时会把柴捆的前段，也就是正大门，固定在支撑物上，并且永远保持这个姿态。然后毛虫会将自己的身体完全掉转，最终它就是以这种翻转的姿势蜕变为蓑蛾的。等到蜕变完成之后，小蓑蛾只能从柴捆后面飞出去，去自由飞翔，除了这个地方，其他任何地方都是出不去的。这种飞出柴捆的方法不仅为第三种蓑蛾所用，其他的蓑蛾也会采用这种方法。蓑蛾的房子都会有两个出口，前面的那个出口是用来服务毛虫的，它的结构更加细密，看起来也更为齐整一些。等到蜕变的时节，这个出口就会关闭，然后被毛虫很牢固地固定在黏附点上面。相比于这个出口，后面的出口就显得粗陋多了。这个出口是为蓑蛾服务的，它不够整齐，而且下陷的壁里还把这个口遮住了。最后，后面的这个出口会在蓑蛾的推动下呈半开的状态。

蓑蛾的外表都不华丽，灰灰白白，翅膀非常小，甚至还没有苍蝇的大。不过小巧归小巧，小蓑蛾的羽翼也不乏优雅。其翅膀的边缘是丝状流苏穗子，触角是非常美丽的羽毛饰品。刚刚由蛹蜕变而成的小蓑蛾在我为它们准备的钟形网罩里四处飞舞，玩得十分尽兴。它们时而将翅膀扇动，滑过罩底，时而又兴冲冲地绕着网罩转圈。虽然这个钟形网罩与别的房子没有什么大的区别，但是小蓑蛾还是稳稳地立在茅屋上，用羽毛饰品探测着。雄性小蓑蛾们各个激情饱满，它们的热情使得它们十分容易辨认。几乎每只雄性蓑蛾都能够找到自己的另一半。与雄性小蓑蛾的激情洋溢不同，雌性小蓑蛾安静地待在茅屋里面，从后面的小孔窥视着外面发生的事情。雄性小蓑蛾也是通过这个小孔占有它们的配偶的。

我拿了玻璃试管，将刚才充当过临时住宅的几只柴捆放在里面。几天后，一只雌性小蓑蛾从里面爬了出来。天哪！我简直不敢想象，它的样子竟会如此凄惨，简直连初生的毛虫都不如。作为母亲的它绝对不能与它蓑蛾的名称相称，因为它毫无优雅感可言。这只蓑蛾连翅膀都没有，也缺少丝质毛皮。只是在它的腹尖处有个环形的软垫子，非常厚实，而且还有个看起来很脏的白色的天鹅绒环圈。它的背部中心处以及每个体节上面还有着黑色的、大大的斑点，呈长方形。这些就是这只蓑蛾仅有的装饰品。

> 具体描绘雌性蓑蛾的外形特点，让雌性蓑蛾的形象跃然纸上，如在读者眼前。

这只蓑蛾身上有一根长长的输卵管，就位于那天鹅绒的环圈中间。输卵管是由软硬两个部件组成的，硬的那个部件是输卵管的基础，而软的那个则插在硬部件里面，就像装在镜盒里面的望远镜一样。在茅屋的后面有一个开着的窗户，这可是蓑蛾的宝物。因为它不仅能够让雄性蓑蛾在交配后顺利地出去，而且能够安置卵，之后蓑蛾的孩子们也能够通过这个窗户成群地迁移。最重要的是，雌性蓑蛾能够把它的探测器插入窗户里面，并且用它的六只脚牢牢地将茅屋的下端抓住，最后把卵产在自己爬出来的那个茅屋。那个茅屋就是它留给自己孩子们的礼物和遗产。等到卵产下后，输卵管就被抽了出来。

蓑蛾母亲在非常贫穷的时候还有一件衣服，这件衣服也是它为自己的孩子提供的保护屏障。它尾部的环圈有一些下脚毛，能够把门关上。不仅如此，蓑蛾母亲自己的身体就是一个保护屏。它的身体在门槛上痉挛，然后一直停在那里不再动弹，直到死去都是如此。之后它的遗体逐渐地干燥，除非是遇到了一些意外或是恶劣的天气，否则蓑蛾母亲的遗体一直都像一面屏障似的屹立在门口。

茅屋里面有一个蛹壳，蛹壳除了前面有裂口，几乎完好无损。蓑蛾就是通过前面这个口出去的。雄性蓑蛾的羽毛饰品和翅膀在它想要出去时给它制造了困难，所以它只好在自己还是虫蛹时就往门口前行，将身体的一半露出去。这样等到它蜕变之后，就可以很快地获得自由。而蓑蛾母亲则不用为此担心，因为它没有翅膀和羽毛饰品。它的身体长得像毛虫，全部裸露着，呈圆柱体。它能够不受阻碍地在狭窄的通道里行走，爬行就更不用说了。蓑蛾的蛹壳被放置在房屋的底端，在茅草顶的下面被很好地保存着。

蓑蛾母亲不仅把自己的天鹅绒环圈留给了自己的孩子们，还把蛹壳留给了它们，这是多么伟大的举动啊！脱落的蛹壳形成了一个羊皮纸袋似的容器，卵就被存放在这个小容器里。这种举动细致而谨慎。蓑蛾母亲将自己那个像望远镜似的输卵管插在这个容器底部，然后开始产卵。产卵的过程显得井井有条，蓑蛾母亲一点也不慌乱，卵被一层一层地铺在容器中，直到将容器装满。

之后，我从柴捆里把一只装满卵的蛹壳拿了出来，单独将它放置在一支玻璃试管中，然后又把这支试管放在茅屋的旁边，为的就是更容易观察接下来要发生的事情。到了七月的第一个星期，我就有了很大的收获，一个小蓑蛾的大家庭出现在我眼前。等待的时间一点都不漫长，相反，孵化的速度之快对我的观察发起了挑战。这是一个拥有四十余只小蓑蛾的家庭，它们都穿上了衣服，一家子其乐融融。

小蓑蛾们在试管中肆意地欢腾着。这个试管很宽敞，它们东走走西逛逛，生活过得有滋有味。小蓑蛾们有一顶帽子，由高级的白棉絮制成，暂且让我们称它为"一只缺了帽顶细绳的棉质帽子"吧。不仅没有帽顶细绳，这顶所谓的帽子也不是用来戴在头上的，而是几乎遮挡了小蓑蛾们的后半个身体。小蓑蛾们将帽子翻起来，差不多就要与支撑的平面形成九十度了。

除了帽子，小蓑蛾们的美好生活中还不能缺少食物。那它们究竟喜欢吃些什么呢？我对这一点并不清楚，于是开始一个一个地试，但是无论如何这些小家伙都不肯吃我给它们的东西。看起来它们更爱打扮自己，食物在它们那里好像显得次要了。不过我想要知道的是这顶帽子或者说这件衣服是怎样制成的，还有制成它的那些材料都是什么。对于这个问题的答案，我是有机会知晓的，因为蛹壳里面还有没被孵出来的卵，幼虫在卵膜里随便乱动着。我把这些完全裸露的幼虫留在试管中，而把那些已经成熟、穿上了衣服的幼虫安放在了别处。蓑蛾每次产卵的数量有五六打。在试管里面的这些幼虫身长大约一毫米，它们的脑袋呈淡红色。

这些剩下来的幼虫卵在第二天就被孵成了，它们逐个地成熟，单独地或是成群地爬出蛹壳。由于蛹壳在蓑蛾母亲出去的时候已经破裂出一个洞口，所以小蓑蛾们只需要从这个口钻出去就可以了，并不会将比较脆弱的盛卵容器弄坏。我还是不知道制作衣服的材料源于何处，因为留下来的这只袋子状的容器并没有被任何一只蓑蛾拿来使用，虽然这个袋子有着非常纤细的组织，还有着独特的龙涎香的味道。也没有一只蓑蛾用蛹壳里面的那层细棉絮作为制衣的材料，它们被铺在蛹壳里，对于那些怕冷的小虫来说有着很好的御寒作用。还有些绒毛也不会被拿来使用，因为它们的数量实在是少得可怜，怎么够这么多蓑蛾用呢？我相信用来制作衣服的材料很快就能够被发现。

我把柴捆放在虫茧的旁边，小蓑蛾们从虫茧中出来之后都直接奔向柴捆的方位。这些小家伙在去往牧场或是进入外部世界之前都需要穿好衣服，因此时间显得有些紧迫。只见它们一股脑儿地抢夺旧的柴屋，穿上蓑蛾母亲遗留下来的衣服。有一些小蓑蛾径直地走进一根中空的小树枝内，它们想要把树枝里面的棉絮收集到手。还有的小蓑蛾把柴屋的内壁刮了下来，那些内壁是白色的，最终被刮得干干净净。小蓑蛾们选用的材料都是上等的，所制作出来的衣服也白净亮丽。另外一些小蓑蛾制成的衣服是多种颜色混搭的，因为上面有褐色的细粒，所以白色的衣服显得不那么白了。

小蓑蛾的大颚就像一把锋利的剪刀，每一边都有五颗强劲的牙齿。大颚也正是小蓑蛾用来收集材料的工具。这把工具的精密程度让人难以想象，我用显微镜对其进行了观察，非常感慨。它们甚至能够将任何纤细的纤维拔起来。假如绵羊有着这样的大颚和牙齿，那么它们就可以从树根开始啃食，而不需要再低着头去吃地上长出来的青草了。小蓑蛾为了让自己能有一顶棉帽戴，个个都充满了力量与激情。它们的做工过程让我大开眼界。从它们制作的完美成品以及整个制作过程中，我看到了许多不为人知的秘密。

第二种蓑蛾和第三种蓑蛾运用的方法相同。我不想再啰里啰唆地叙述重复性的东西了，所以让我们赶紧来看一看第二种蓑蛾的技能吧。由于它们的身体长得比较大，所以观察起来也较为方便。我把它们放在蛋杯的底部，这里就成了第二种蓑蛾的主要活动地带。这些矮小的虫子总共有好几百只，场面看起来壮观极了。再加上各种被截成几段的胚茎①以及那些小虫子出生后留下的卵膜，热闹景象更加难以想象！

我用放大镜对这些家伙进行观察，我暂时将自己的呼吸屏住，为的就是不让小蓑蛾被我的呼吸吹倒或是被直接吹到更远的地方去。这让我想起了米克罗墨加斯，他为了观察人类而屏住呼吸，生怕把弱小的东西吸进鼻孔里面，并且将自己颈圈上的钻石打磨成一个透镜。同样地，在这些小蓑蛾面前，我就像是一个来自天狼星的巨人。假如需要将它们放到更高倍的放大镜焦点上进行观测，那我就会用一根涂过胶水的小树枝把它们粘起来，或是将细针用嘴唇舔过之后再去粘捕它们。小蓑蛾被粘起来后吓得惊慌失措，它不停地在针尖上面挣扎。

> 形象地写出了小蓑蛾被粘住后害怕紧张的模样，惹人怜爱。

它用尽力气将自己的身体缩进那件本来就不够完整的衣服——法兰绒背心里，原本已经很小的身体收缩得更小了。这个法兰绒背心上面的狭窄的肩带只能将肩膀的部分盖上。我呼出一口气，小蓑蛾立刻就掉进了蛋杯里面。让它把自己的衣服做完吧。

小蓑蛾善于从自己已经死去的母亲的衣服中搜集材料，然后为自己量身定做一件新衣。为了能够将自己细嫩而脆弱的身体掩盖，它很快就收集到很多小栅条。这只全身长着斑点的小蓑蛾看上去精力充沛、勤劳、动作灵活而敏捷。它孤单地来到这个世界，却有着制作莫列顿双面起绒呢的技巧。在对它表示赞叹的同时，疑问也来了：拥有如此高超技术的小蓑蛾，会有着怎样的本能呢？

---

① 胚茎：植物中髓质最多且最干燥的部分。

　　第二种蓑蛾的成虫在六月底的时候就孵化出来了。大多数的小蓑蛾通过丝质的小垫子将自己的衣服吊挂在钟形网罩上，如钟乳石般地吊着，与地面垂直。它们的柴屋通过裸露的长门厅在下面延伸。还有一部分小蓑蛾并没有采取吊挂的方式，而是将身体的一半埋在沙土中，另一部分露在空气中，同样与地面呈垂直的角度。这些蓑蛾没有离开土地，它们依靠丝质物的黏力让自己依偎在瓦钵的内里，并牢固地扎在沙土中。第二种蓑蛾的毛虫在蛹壳里保持静止姿势之前能够自由地翻转自己的身体，它们会时不时地把自己的头部上下转动，并且朝着出口的方向。虽然毛虫的活动自由度比不上成虫，但是这种上下转动头部的方式也能够保证它们顺畅地到达地面。这种倒置的状态也让第二种蓑蛾的毛虫在准备工作中不会受到重力作用的影响。

　　第二种蓑蛾的蛹非常坚硬，它不能够翻转，雄性蓑蛾会带着这个笨笨的蛹不断地向前行进，将整个身体往前移，最终抵达柴捆的大门口。由于蛹的丝质的大门口没有什么东西阻拦，所以雄性蓑蛾会用蜕下来的皮将门口堵住。雄性蓑蛾会在门口待一些时候，立在茅屋的顶部，等待着身体中的湿气蒸发，这样才能让翅膀坚硬，最终得以展翅飞翔。这一切都成功之后，雄性蓑蛾就会去寻找自己的另一半。

　　雄性蓑蛾为了寻找配偶而不停地飞着，它从一个柴捆屋飞到另一个柴捆屋，好像在为自己的约会地点进行勘探。假如遇到了令自己满意的场所，它就会在裸露的大门口停下来，然后轻轻地将自己那对美丽的翅膀抖动。这种雄性蓑蛾一身都是优雅的黑色，全身都呈半透明状，没有鳞片，除了翅膀边上的部分。雄性蓑蛾的触角是非常漂亮的羽毛饰品，也是黑色的。这些羽毛饰品看起来宽大而雅致，如果加以放大，就可以与鸵鸟和秃鹫的羽毛相媲美，甚至这两种鸟类的羽毛也会大失其姿色，只能退居其后了。第二种蓑蛾的婚礼与小蓑蛾的婚礼一样，并不受太多的关注。

　　雄性蓑蛾的生命非常短暂，三四天之后就死了，它们悲凉地死在我的钟形网罩里面。这种状况使得雌性蓑蛾变得焦躁起来。因为时间隔得太长，直到新生者孵化之时，雌性蓑蛾都没有一个追求者前来查探。

太阳火热地照射着钟形网罩，奇特的事情发生在我的眼皮底下。茅屋的门口不知道在什么时候变大了，膨胀了，之后便大门敞开，从里面涌出来一堆絮团，这是一种云雾状的水汽，其纤细程度难以想象，甚至连经过梳理的蜘蛛网变成的絮团都不能与这种絮团相比。就在这个絮团的后面，更为奇特的事情发生了。不同于之前麦秸的搜寻者，絮团外面出现了毛虫的半个身体和一个脑袋。这就是这所茅屋的女主人哪！女主人主动地迎接雄性蓑蛾的到来，但是，这所房子不会再有异性光顾了。这位女主人在天窗上低俯身体，静止不动。直到它等得有些烦躁了，才慢慢地将自己的身体缩回窝里。

之后的几天里，这只雌性蓑蛾都会在上午钻出自己的巢穴，出现在阳台上面。阳光洒在那堆絮团上面，显得格外耀眼。我用手轻轻地将絮团扇了扇，它瞬间就灰飞烟灭了。没有雄性蓑蛾再来这个地方，女主人最终在抑郁中死在了自己的房子里。我想，之所以没有雄性蓑蛾再次光临女主人的家，是因为我的钟形网罩阻挡了它们前行的道路。假如在自由广阔的田野之中，一定会有更多的追求者从四面八方赶过来。这样看来，害死这位女主人的罪魁祸首便是我的钟形网罩。

钟形网罩不仅害死了茅屋的女主人，还酿成了更惨的悲剧。由于雌性蓑蛾身体的一部分露在外面，而另一部分隐藏在屋中，所以它需要对自己身体的裸露程度进行估算，以保证自己身体的平衡。但是钟形网罩让它的这一判断变得不再准确，以至于一些雌性蓑蛾会突然间摔落到地上，丢掉了性命。如果雌性蓑蛾的性命没了，那么它的孩子们也就跟着没了命。因为雌性蓑蛾的摔落没有使茅屋的围墙受到破坏，所以我们可以清晰地看到这位悲惨的蓑蛾母亲。

这只蓑蛾母亲像是一个土黄色的小香肠，一个起了皱的口袋。但蓑蛾母亲正值青春年华，它是正当年的雌性蓑蛾，而且它正是拥有着高贵黑色外衣的雄性蓑蛾的追求对象。

我想要对这位殉难者做一个简单的描摹：蓑蛾母亲的头长得平淡无奇，非常小，在它身体的第一个体节里就几乎消失得无影无踪了。当然了，对于一个只需要产卵以及将产下的卵装在袋子里的蓑蛾母亲来说，硕大的头部是派不上什么用场的，因此退化得越来越小了。不过就在蓑蛾母亲这个小小的头上还长着一双眼睛，它们看起来就像两个黑色的点。由于大部分时间都藏在黑暗的洞穴里，蓑蛾母亲的这双眼睛一定是看不到物体的。只有在雄性蓑蛾进行追求的时候，蓑蛾母亲才会将这双眼睛露出洞穴，而这种情况也是少之又少的。

蓑蛾母亲的身体是淡黄色的，前半部分呈半透明的状态，后面的部分则塞满了卵，并不透明。蓑蛾母亲的前几个体节下面都有一个黑色的斑点，呈透明状，这些黑色的斑点就像是穿着长袍的先生所佩戴的领巾。盛着卵的部分有一个短的环形小软垫，是纤细丝绒的残留物。蓑蛾母亲在自己的居所中前后移动时将这种物质脱去，之后它们便形成了一个絮团。等到雄性蓑蛾前来与蓑蛾母亲结婚的时候，天窗就会被这个絮团装扮成雪白色。蓑蛾母亲的脚不但短小，而且非常软弱，根本无法用来移动自己的身体。

简单地说，蓑蛾母亲的身体几乎是由体内的卵撑起来的，蓑蛾母亲的体内有一根条状的东西，它可以帮助身体里装满卵的蓑蛾母亲向前移动，无论是躺着，俯着还是侧着。这个条状物在盛卵的袋子的后面形成，它把蓑蛾母亲分为两个部分，并且将它的身体扼住。这个条状物向前扩张的时候，就呈波浪状向前扩散，波纹缓慢地到达蓑蛾母亲的头部，以此带动它向前。一个波浪能够使蓑蛾母亲向前行进差不多一毫米的距离。如果是一个装着细沙的、长度为五厘米的小盒子，蓑蛾母亲需要花费一个小时的时间从盒子的这一头到达另一头。蓑蛾母亲就是利用这种缓慢的方式主动地移动到家门口，并且迎接求爱者的到来的，回去的时候也是如此。

这只雌性蓑蛾拖着自己的卵袋在荒芜的田野中凄凉地生活着，它的全身没有任何可以遮蔽的东西。它只是无助地、盲目地向前爬行，累了就停下来歇脚。雄性蓑蛾路过时只是用冷漠的表情回应它，没有哪只雄性蓑蛾会注意到这只可怜的雌性蓑蛾。如果它的家庭注定要被抛

"凄凉""无助""盲目"等形容人的词语，形象地写出了雌性蓑蛾楚楚可怜的模样，使人读来顿生怜悯之情。

弃，如果它注定要遭受无情的对待，那它为什么还要坚持做母亲呢？这是自然的规律。由于意外，命运原本就够悲惨的蓑蛾母亲更是经受了灭顶之灾，它从自己的洞穴口掉在了地上。由于体力衰竭，也由于无法生育，它最终在孤苦中死去。

其他幸运的第二种雌性蓑蛾待在柴捆的天窗上时非常小心，它们能够防止自己掉落到地上，顺利地回到家中。等到雄性蓑蛾来到并且与它们完成婚配之后，它们就缩回自己的洞穴不再出来。半个月过后，我用剪刀把柴捆纵向地剪开，发现了这只蓑蛾母亲。它的蛾蛹在柴捆的底部，它在正门的对面蜕下了一层皮。这种皮呈琥珀色，非常脆弱，头部的尖端非常开阔地敞开着，面对出口。它像是一个袋子，很长。蓑蛾母亲就在这个袋子中，它把整个袋子填塞到鼓胀。不过，它已经死了。

这个袋子似的蛹壳的特点我们已经了解清楚了，长成的第二种雌性蓑蛾走出了蛹壳。成虫假如将自己的身体缩回到蛹壳中去，那它们看起来就好像是一体的，不可分割。成虫让蛹壳把自己包得紧紧的，我无法将它们分离。蛹壳是成虫在门口等待后回到房屋里的保护套，被放置在一个非常安全的地方。由于成虫在家门口进进出出，它浓密的毛——花蝴蝶一般的漂亮衣服，在与房屋内里的摩擦之中已经褪去了。它的外衣最终变成光光的样子。兔妈妈为了给自己的兔宝宝制作一张柔软的毛绒床垫，它们会选用最好、最轻柔的毛来完成这项工程。这些柔软的毛长在门牙剪刀能够触得着的地方——兔妈妈的肚子上和颈上。绒鸭也同样如此，它们为了给自己的孩子制作一张柔软舒适的床，便将自己身上的绒毛当制作材料。但是第二种蓑蛾所脱去的那层毛又有什么功效呢？

让我们来看看第二种蓑蛾拥有怎样的情怀吧。它们跟兔和绒鸭有着一样的目的，蓑蛾母亲为了给自己的孩子提供一个很安全、很舒适的场所，会将自己身上那层难以被观察到的绒毛脱下，然后用这些绒毛为孩子们制作一个玩耍的场所——一个它们进入现实世界之前的坚实的安全所。这些绒毛就是蛹壳前面的一堆非常纤细的絮团，就像是渗出少量絮凝粒的絮状物一样。这个时候，第二种蓑蛾正在朝窗前走去。这些纤细无比的物质并不是纱厂的平纹织物，而是只有在显微镜下才能够看清的鳞片状粉末。

每种做了母亲的动物都有它独特的预见性，哪怕是最低等动物的母亲。蓑蛾母亲也不例外。我不能确定这些绒毛是否是蓑蛾通过与房屋内里相摩擦脱下的，因为没有任何现象能够证明这种说法。我的设想是，一个绒袋子通过自己身体的扭动，在狭窄的通道中来来去去，最后终于将自己身上的绒毛脱下。为了给孩子们留下遗产，蓑蛾母亲甚至会从自己的嘴唇上把绒毛连根拔起。

蓑蛾毛虫从卵中走出来后会在蛹壳前面这些柔软的场地上暂时歇息。这片轻柔的地方正是它们的母亲用毛发和鳞甲为它们制作的。蛹壳前这堆絮状物将房屋的门口堵住，这是一道安全屏障。房屋后方则呈敞开的状态。小毛虫在这片轻柔的絮状物上休息，这片刻的停留为的就是准备后面将要进行的工作。做成这层屏障的丝不但不稀缺，而且还非常丰富。柴捆的内里有着一层很厚的白色织缎，但是比起这厚实的毯子，毛虫们对这些絮状物更加钟情。

这些就是第二种蓑蛾母亲为自己家庭所做的准备工作。现在，我想要知道它的卵存放的位置。三种蓑蛾中体形最小的那种也是相貌最不雅观的，不过它们的行动倒是非常自如，甚至用自己的身体完全走出了柴捆。蓑蛾母亲产下的卵通过一个长长的输卵管被存放在一个容器之中。等到卵全部产完，蓑蛾母亲就要死去了。雌性蓑蛾会把自己的絮状物留给孩子们。它从来都不会离开自己的家门半步，哪怕是结婚和产卵的时候。

雌性蓑蛾等待雄性蓑蛾的示爱，之后这只雌性蓑蛾就缩回到自己的洞穴中去。它缩回到褪去的皮中，然后把这个皮袋子作为卵的存储地。袋子越来越鼓胀，直到所有的卵都到达目的地。其实严格地说，产卵这件事并不存在。因为卵根本没有离开过蓑蛾母亲的肚子，只是被它存在了自己身上。

袋子很快就变干了，这是由于蒸发的作用。等到它完全变干后，我把蛹壳打开了。在放大镜下，我看到了最后的纪念物——瘦肌肉束、神经小支、气管细线，还有一些已经缩减到最简单形式的生命的象征。

原来的蓑蛾母亲现在俨然已经成了一个大卵巢，里面有三百只左右的蓑蛾卵。

名师赏读

法布尔将一只装满卵的蛹壳放置在一支玻璃试管里，观察卵的孵化、幼虫的活动和成长变化。钟形网罩阻碍了雄性蓑蛾与雌性蓑蛾的交配，并导致很多雌性蓑蛾丢掉了性命。那些蓑蛾母亲大部分时间都藏在黑暗的洞穴里，凄凉地活着。它们坚持做母亲，一旦发生意外，则会在孤苦中死去；活下来的则不惜献出生命来给自己的孩子提供安全舒适的生存场所，让种族得以延续。

生命的诞生和成长总是充满惊奇，而人类世代歌颂的母爱无疑是伟大的。蓑蛾体形微小，生命短暂，但它们为求生所付出的点点滴滴的努力，读来让人有种惊心动魄之感。在法布尔笔下，雌性蓑蛾用它们的情怀谱写了一首生命赞歌。

孔雀蛾的一生

孔雀蛾是一种长得很漂亮的蛾。它们是欧洲最大的蛾，全身披着红棕色的绒毛，脖子上有一个白色的领结，翅膀上有灰色和白色的小点，横贯中间的是一条淡淡的锯齿形的线，翅膀周围有一圈灰白色的边，中央有一个宛如大眼睛的圆形斑点，有黑得发亮的瞳孔和许多色彩镶成的眼帘，包括黑色、白色、栗色和紫红色的弧形线条。这种蛾是由一种长得极为漂亮的毛虫变来

> 从孔雀蛾的色彩、身上图案的形状勾勒其外形特征，给人以鲜明的印象。

的，毛虫的身体以黄色为底色，上面嵌着蓝色的珠子，它们靠吃老巴旦杏树的树叶为生。

五月六日的早晨，在我的昆虫实验室里的桌子上，我看着一只雌性孔雀蛾从茧子里钻出来。我马上把它罩在一个金属丝做的钟罩里。我这么做没有什么别的目的，只是一种习惯而已。我总是喜欢搜集一些新鲜的事物，把它们放到透明的钟罩里细细欣赏。

后来我很为自己的这种方法庆幸，因为我获得了意想不到的收获。在晚上九点钟左右，当大家都准备上床睡觉的时候，隔壁的房间突然发出很大的声响。

小保尔衣服都没穿好，就在屋里奔来跑去，疯狂地跳着，跺着脚，敲着椅子。"快来，快来！"他喊道，"快来看这些蛾子，它们像鸟一样大，满房间都是！"我赶紧跑进去一看，孩子的

> 语言描写揭示出小保尔因惊喜而举止失措的原因。

话一点也不夸张。房间里的确充满了那种大蛾子，已经有四只被捉住关在笼子里了，其余的拍打着翅膀在天花板下面翱翔。

看到这情形，我立即想起早上那只被我关起来的囚徒。

"快穿好衣服，"我对儿子说，"把鸟笼放下，跟我来。我们马上就要看到更有趣的事情了。"

我们立刻下楼，来到我的实验室，它位于我的卧室的右侧。我发现厨房里的仆人已被这突然发生的事件吓慌了，她用她的围裙扑打着这些大蛾，起初她还以为它们是蝙蝠呢。这样看来，孔雀蛾们已经占据了我家里的每一部分，惊动了家里的每一个人。

我们点着蜡烛走进实验室，实验室的一扇窗开着。我们看到了难忘的一幕：那些大蛾轻轻地拍着翅膀，绕着那钟罩飞来飞去。一会儿飞上，一会儿飞下，一会儿飞出去，一会儿又飞回来，一会儿冲到天花板上，一会儿又俯冲下来。它们向蜡烛扑去，用翅膀把它扑灭。它们停在我们的肩上，扯我们的衣服，轻擦我们的脸。小保尔紧紧地握着我的手，努力保持镇定。

一共有多少蛾子？这个房间里大约有二十只，加上别的房间里的，至少有四十只。四十几个追求者来向这位那天早晨才出生的女孩——这位被关在象牙塔里的公主致敬！

在那一个星期里，每天晚上这些大蛾总要来朝见它们的公主。那时候正是暴风雨的季节，晚上黑得伸手不见五指。我们的屋子又被遮蔽在许多大树后面，很难找到。它们经过这么黑暗和艰难的路程，历尽千辛万苦来见它们的公主。

> 突出了孔雀蛾的勇敢、执着与无畏。

在这样恶劣的天气条件下，连那强壮的猫头鹰都不敢轻易离开巢，可孔雀蛾却能果断地飞出来，而且不受树枝的阻挡，顺利到达目的地。

它们是那样无畏，那样执着，以至于到达目的地的时候，它们身上没有一个地方被刮伤，哪怕是细微的小伤口也没有。这个黑夜对它们来说，如同大白天一般。孔雀蛾一生中重要的任务就是寻找配偶，为了这一目标，它们继承了一种很特别的天赋：不管路途多么远，路上多么黑暗，途中有多少障碍，它们总能找到它们的对象。在它们的一生中，有两三个晚上，它们可以每晚花费几个小时去找对象。如果在这期间它们找不到对象，那么它们的一生也将结束了。

孔雀蛾不懂得吃，当许多别的蛾成群结队地在花园里飞来飞去吮吸

蜜汁的时候，它们从不会想到吃东西这回事。这样，它们的寿命当然不会长了，只不过是两三天的时间，只来得及找一个伴侣而已。

名师赏读

　　夜里，几十只美丽的孔雀蛾在屋子里飞舞，此情此景想一想就觉得十分梦幻。面对这一幕，我们的兴奋和喜悦肯定不会输给小保尔和法布尔。这些大蛾子围着实验室里的钟形罩飞来绕去，因为里面关着一只新生的雌孔雀蛾，它们为了寻找配偶———生中唯一的目标，不惜劳累奔波，恶劣的天气、遥远的路途、漆黑的夜色、荆棘的障碍等都无法阻挡它们的脚步。可惜的是，这种美艳动人的蛾子却不懂得觅食，以致它们生命的长度实在是短得惊人，只有两三天。

　　法布尔用拟人等修辞手法将孔雀蛾美丽的外形特征，以及寻找伴侣的努力和决心写活了。在恶劣的天气条件下，猫头鹰都不敢离巢，看似脆弱的孔雀蛾却可以勇往直前，无所畏惧。孔雀蛾短暂的一生给予了我们这样的启示：只要我们清楚自己该去往何方，就不必害怕路上的艰难险阻。

天才的纺织家①

织 网

即使在最小的花园里，我们也能看到圆网蛛的踪迹，它们算得上是天才的纺织家。

如果我们在黄昏的时候散步，我们可以从一丛迷迭香里寻找蛛丝马迹。我们所观察的蜘蛛往往爬行得很慢，所以我们应该索性坐在矮树丛里看，那里的光线比较充足。让我们再来给自己加一个头衔，叫作"蛛网观察家"吧！世界上很少有人从事这种职业，而且我们也不用指望从这行业上赚点钱。但是，不要计较这些，我们将得到许多有趣的知识。从某种意义上讲，这比从事任何一种职业都要有意思得多。

我所观察的都是些小蜘蛛，它们比成年的蜘蛛要小得多。而且它们都是在白天工作，甚至是在太阳底下工作的，尽管它们的母亲只有在黑夜里才开始纺织。每年到一定的月份的时候，蜘蛛们便在太阳下山前两小时左右开始它们的工作了。

这些小蜘蛛离开了它们白天的居所，各自选定地盘，开始纺线。有的在这边，有的在那边，谁也不打扰谁，我们可以任意地捡一只小蜘蛛来观察。

让我们就在这只小蜘蛛面前停下吧。

它正在打基础呢！它在迷迭香的花上爬来爬去，忙忙碌碌地从一个枝端爬到另一个枝端，它所攀到的枝都是距它十八寸之内的，太远的它就无能为力了。渐渐地，它开始用自己梳子似的后腿把丝从身体上拉出来，放在某个地方作为基底，然后漫无规则地一会儿爬上，一会儿爬下，这样奔忙了一阵子后，就建成了一个丝架子，这种不规则的结构正

---

① 由于作者受写作年代的限制，误以为蜘蛛是昆虫。

是它所需要的。这是一个垂直扁平的"地基"，它错综复杂，因此很牢固。

后来它在架子的表面横过一根特殊的丝，别小看这根细丝，那是一张坚固的网的基础。这根线的中央有一个白点，那是一个丝垫子。

现在是它做捕虫网的时候了。它先从中心的白点沿着横线爬，很快就爬到架子的边缘，然后以同样快的速度回到中心，再从中心出发，以同样的方式爬到架子的另一个边缘，就这样一会儿上，一会儿下，一会儿左，一会儿右。它每爬一次便拉成一个半径，或者说，做成一根辐。不一会儿，它便这里那里地做成了许多根辐，不过次序很乱。

无论是谁，如果看到它已完成的网是那么整洁而有规则，一定会以为它做辐的时候也是按着次序一根根地织过去的，然而恰恰相反，它从不按照次序做，但是它知道怎样使成果更完美。在同一个方向安置了几根辐后，它就很快地往另一个方向再补上几条，从不偏爱某个方向，它这样突然地变换方向是有道理的：如果它先把某一边的辐都安置好，那么这些辐的重量会使网的中心向这边偏移，从而使网扭曲，变成很不规则的形状。所以它在一边安放了几根辐后，立刻又要到另一边去，为的是时刻保持网的平衡。

规　则

你们一定不会相信，像这样毫无次序又时断时续的工作会造出一个整齐的网。可是事实确实如此，造好的辐与辐之间的距离都相等，而且形成了一个很完整的圆。不同的蜘蛛网的辐的数目也不同，角蛛的网有二十一根辐，条纹蜘蛛的网有三十二根辐，而丝光蛛的网有四十二根辐。辐的数目并不是绝对不变的，但是基本上是不变的，因此你可以根据蛛网上的辐条数目来判定这是哪种蜘蛛的网。

想想看：我们中间谁能做到不用仪器，不经过练习，而能随手把一个圆等分？蜘蛛可以。尽管它身上背着一个很重的袋子，脚踩在软软的丝垫上，那些垫还随风飘荡，摇曳不定，但它居然

具体描写蜘蛛工作的情景，突出了作者对蜘蛛能把圆等分这件事的惊异。

能够不假思索地将一个圆极为精细地等分。它的工作看上去杂乱无序，完全不合乎几何学的原理，但它能从不规则的工作中得出有规则的成果来。我们都对这个事实感到惊异。它怎么能用那么特别的方法完成这么困难的工作呢？这一点我至今还在怀疑。

安排辐的工作完毕后，蜘蛛就回到中央的丝垫上，然后从这一点出发，踏着辐绕螺旋形的圈子。它现在正在做一种极精致的工作，它用极细的线在辐上排下密密的线圈。这是网的中心，让我们把它叫作"休息室"吧。

越往外，它就用越粗的线绕，圈与圈之间的距离也比里面大。绕了一会儿，它离中心已经很远了，每经过一根辐，它就把丝绕在辐上粘住。最后，它在"地基"的下边结束了它的工作。圈与圈之间的平均距离为一分米。

这些螺旋形的线圈并不是曲线，在蜘蛛的工作中没有曲线，只有直线和折线，这线圈其实是辐与辐之间的横档连成的。

以前所做的只能算作是一个支架，它现在将要在这上面做更为精细的工作。这一次它从边缘向中心绕，而且圈与圈之间排得很紧，所以圈数也很多。

这种工作的详细情形很不容易看清，因为它的动作极为快捷，而且它的动作很多，包括一连串的跳跃、摇摆，使人看得眼花缭乱。如果分解它的动作，我们可以看到，它其中的两条腿不停地动着，一条腿把丝拖出来传给另外一条腿，另一条腿就把这丝安在辐上。由于丝本身有黏性，所以蜘蛛很容易在横档和丝接触的地方把新织出来的丝粘上去。

蜘蛛不停地绕着圈，一面绕一面把丝粘在辐上。它到达了那个被我们称作"休息室"的边缘了，于是立刻结束了它的绕线运动，之后它就会把中央的丝垫子吃掉。

有两种蜘蛛，也就是条纹蜘蛛和丝光蛛，做好了网后，还会在网的下部边缘的中心织一条很阔的锯齿形的丝带作为标记。有时候，它们还在网的上部边缘到中心之间再织一条较短的丝带，以表明这是它们的作品，著作权不容侵犯。

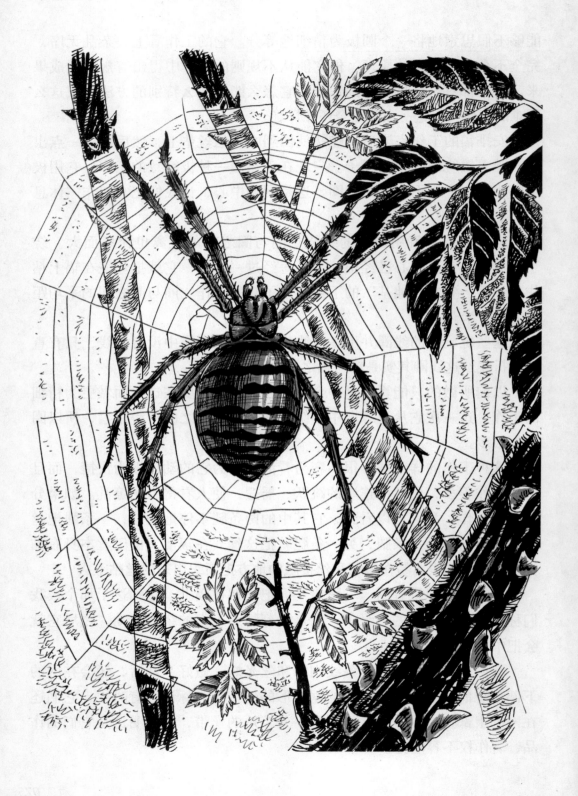

蛛网中用来做螺旋圈的丝是一种极为精致的东西，它和那种用来做辐和"地基"的丝不同。它在阳光中闪闪发光，看上去像一条条被编成的丝带。我取了一些丝回家，放在显微镜下看，竟发现了惊人的奇迹。

那根细线本来就细得几乎连肉眼都看不出来，但它居然还是由几根更细的线缠合而成的，好像大将军剑柄上的链条一般。更使人惊异的是，这种线还是空心的，空的地方藏着极为浓厚的黏液，就和黏稠的胶液一样，我甚至可以看到它从线的一端滴出来。这种黏液能使线的表面有黏性。

> 用人们熟悉的事物形容需要说明的对象，利于人们理解。

我用一个小实验去测试它到底有多大黏性：我用一片小草叶去碰它，小草叶立刻就被粘住了。现在我们可以知道，圆网蛛捕捉猎物靠的并不是围追堵截，而是它具有黏性的网，这网几乎能粘住所有的猎物。可是又有一个问题出现了：为什么蜘蛛自己不会被粘住呢？

我想其中一个原因是，它的大部分时间被用来坐在网中央的"休息室"里，而那里的丝完全没有黏性。不过这个说法不能自圆其说，它无法一辈子坐在网中央不动，有时候，猎物在网的边缘被粘住了，它必须很快地赶过去放出丝来缠住猎物，在经过自己那充满黏性的网时，它怎么能保证自己不被粘住呢？是不是它脚上有什么东西使它能从有黏性的网上轻易地滑过呢？它是不是涂了什么油在脚上？因为大家都知道，要使物体表面不黏，涂油是最佳的办法。

为了证明我的猜测，我从一只活的蜘蛛身上切下一条腿，把腿放在二硫化碳里浸了一个小时，再用一个也在二硫化碳里浸过的刷子把这条腿小心地洗一下。二硫化碳是能溶解脂肪的，所以如果这条腿上有油的话，这一洗就会完全洗掉了。现在我再把这条腿放到蛛网上，它竟然被牢牢地粘住了！由此我们知道，蜘蛛在自己身上涂上了一层特别的"油"，这样它就能在网上自由地走动而不被粘住。但它又不愿老停在有黏性的螺旋圈上，因为这种"油"是有限的，会越用越少。所以它大部分时间都待在自己的"休息室"里。

从别的实验中我们得知，蛛网中的螺旋线是很容易吸收水分的。

因此，当空气突然变得潮湿的时候，蜘蛛就停止织网工作，只把架子、辐和"休息室"做好，因为这些都不受水分的影响。至于那螺旋线的部分，它们是不会轻易做上去的，因为如果螺旋线吸收过多的水分，以后就不能充分地吸水解潮了。有了这螺旋线，在极热的天气里，蛛网也不会变得干燥易断，因为它能尽量地吸收空气中的水分以保持它的弹性并增加它的黏性。

同时，蜘蛛还是一个热忱积极的劳动者。我曾计算过，角蛛每做一个网，就需制造大约二十米长的丝。在这两个月中，我的角蛛邻居几乎每夜都要修补它的网，它得从它娇小瘦弱的身体上绵绵不断地抽出这种管状的、富有弹性的丝。

名师赏读

仅仅得到有趣的知识就能够让法布尔感到满足。这位"蛛网观察家"观察了蜘蛛织网的整个过程：选定地盘，建丝架子，做丝垫子，毫无次序又时断时续地织出网的辐条，然后在辐上用极细的丝线排上密密的螺旋形线圈，从网的中心——"休息室"，开始往外排线圈，排到网的边缘，直到再次排到"休息室"的边缘位置才结束"绕丝运动"，最后将中央位置的丝垫子吃掉，完美收工。角蛛、条纹蜘蛛和丝光蛛的捕虫网有些区别，比如辐条数不同等。法布尔还用显微镜仔细观察了用来做螺旋圈的细丝，发现它是由几根更细的丝缠合而成的，并且是空心的，附着浓厚的黏液。作者通过实验发现，蜘蛛给自己脚上涂了一层特别的"油"，所以它不会被自己的网粘住。

本节主要说明了蜘蛛的织网才能。法布尔的观察细致入微，他用流畅的文笔描述了蜘蛛的辛勤劳动，将其织网的画面一一呈现在我们眼前。蜘蛛可以将一个圆极为精细地等分，令人感到不可思议，蜘蛛确实是天才纺织家。它们瘦弱的身体里蕴藏着巨大的能量，而那一双织网的"手"又灵巧非凡，这些无疑都是蜘蛛生存繁衍的独门绝技。

万能的几何学家

螺　线

　　圆网蛛到处可见，留心一下吧，树枝上、屋檐下，都可能有一些圆形的蜘蛛网，并且有一只蜘蛛静静地守在网的中心。这就是圆网蛛。<u>圆网蛛的网非常具有艺术效果，不仅是大大小小的同心圆，而且不同大小的圆之间都有网丝彼此相连，使得蜘蛛网牢固坚韧。</u>

> 写出了蛛网的精巧、细致，同时也表达出了作者对蛛网的欣赏。

　　圆网蛛是怎样编织它的网的呢？我们已经知道，蜘蛛织网的方式很特别，它把网分成若干等份，同一类蜘蛛所分的份数是相同的。当它安置辐的时候，我们只见它向各个方向乱跳，似乎毫无规则，但是这种无规则的工作的结果是建成一个规则而美丽的网。即使用了圆规、尺子之类的工具，大概也没有一个设计师能画出一个比这更规范的网来。

　　我们可以看到，在同一个扇形里，所有的弦，也就是那构成螺旋形线圈的横辐，都是互相平行的，并且越靠近中心，这种弦之间的距离就越小。每一根弦和支持它的两根辐相交成四个角，一边的两个是钝角，另一边的两个是锐角。而同一扇形中的弦和辐相交而成的钝角和锐角正好各自相等——因为这些弦都是平行的。

　　不但如此，据我们观察，这些相等的锐角和钝角，又和别的扇形中的锐角和钝角分别相等。所以，总的看来，这螺旋形的线圈包括一组组的横档以及一组组和辐相交而成的相等的角。

　　这种特性使我们想到数学家们所称的"对数螺线"，这种曲线在科学领域是很著名的。对数螺线是一根无止境的螺线，它永远向着极绕，越绕越靠近极，但又永远不能到达极。即使用最精密的仪器，我们也看不到一根完全的对数螺线。这种图形只存在于科学家的假想中，可令人惊讶的是，小小的蜘蛛也知道这对数螺线，它就是依照这种曲线的法则来绕它网上的线的，而且绕得很精确。

这螺线还有一个特点，如果你用一根有弹性的线绕成一个对数螺线的图形，再把这根线放开来，然后拉紧放开的那部分，那么线的运动的一端就会画出一个和原来的对数螺线完全相似的螺线，只是变换了一下位置。这个发现是一位名叫雅科布·伯努利的数学教授发现的，他死后，人们将对数螺线刻在他的墓碑上。

那么，难道有着这些特性的对数螺线只是几何学家的一个梦想吗？这真的仅仅是一个梦、一个谜吗？那么它究竟有什么用呢？

它确实是广泛的巧合，总之它是普遍存在的，有许多动物造的建筑都采用这一结构。有一种蜗牛的壳就是依照对数螺线构造的，世界上第一只蜗牛知道了对数螺线，然后用它来造壳，一直到现在，壳的样子还没变过。

在壳类动物的化石中，这种螺线的例子还有很多。现在，在印度的海里，我们还可以找到一种太古时代的生物的后代，那就是鹦鹉螺。它还是很坚贞地守着祖传的老法则，它的壳和世界初始时它的老祖宗的壳完全一样。也就是说，它的壳仍然是依照对数螺线设计的，并没有因时间的流逝而改变。就算是在我们的死水池里，也有一种螺，它也有一个螺线壳，普通的蜗牛壳也是属于这一构造的。

魔 术

可是这些动物是从哪里学到这种高深的数学知识的呢？又是怎样把这些知识应用于实际的呢？有这样一种说法，说蜗牛是从蠕虫进化来的。某一天，蠕虫被太阳晒得舒服极了，无意识地揪住自己的尾巴玩弄起来，并把它绞成螺旋形取乐。突然它发现这样很舒服，于是常常这么做，久而久之，尾巴便成了螺旋形的了。做螺旋形的壳的计划，就是从这时候产生的。

但是蜘蛛呢？它是从哪里得知这个概念的呢？它和蠕虫没有什么关系，然而它却很熟悉对数螺线，而且能够将其简单地运用到它的网中。

蜗牛的壳要造好几年，所以它能做得很精致，但蛛网差不多只用一个小时就造好了，所以它只能做出这种曲线的一个轮廓，尽管不精确，但这确实算得上是一个螺旋曲线。是什么东西在指引着它呢？它除了天生的技巧，什么都没有。天生的技巧能使动物控制自己的工作，正像植物的花瓣和花蕊的排列法，它们天生就是这样的。没有人教它们怎么做，而事实上，它们也只能做这么一种。蜘蛛自己不知不觉地在练习高等几何学，靠着它生来就有的本领很自然地工作着。

我们抛出一个石子，让它落到地上，这石子在空间的路线是一种特殊的曲线。树上的枯叶被风吹下来落到地上，其所经过的路线也是这种形状的曲线。科学家称这种曲线为"抛物线"。

几何学家对这种曲线做了进一步的研究，他们假想这曲线在一根无限长的直线上滚动，那么它的焦点将会画出怎样一道轨迹呢？答案是垂曲线。这要用一个很复杂的代数式来表示。几何学家不喜欢用这么一个复杂的代数式，所以就用"e"来代表。"e"是一个无限不循环小数，数学中常常用到它。

这种线是不是一种理论上的假想呢？并不是，你到处可以看到垂曲线的图形：当一根弹性线的两端固定而中间松弛的时候，它就形成了一条垂曲线；当船的帆被风吹着的时候，就会弯曲成垂曲线的图形。这些寻常的图形中都包含着"e"的秘密。一根无足轻重的线，竟包含着这么深奥的科学！我们暂且别惊讶。一根一端固定的线在摇摆，一滴露水从草叶上落下来，一阵微风在水面拂起了微波，这些看上去稀松平常、极为平凡的事，如果从数学的角度去研究的话，就变得非常复杂了。

我们人类的数学测量方法是高明的，但我们对发明这些方法的人，不必过分地佩服。因为和那些小动物的工作比起来，这些繁重的公式和理论显得又慢又复杂。

难道将来我们想不出一个更简单的形式，并把它运用到实际生活中吗？难道人类的智慧还不足以让我们不依赖这种复杂的公式吗？我相信，越是高深的道理，其表现形式就越应该简单而朴实。

在这里，我们这个魔术般的"e"字又在蜘蛛网上被发现了。在一个有雾的早晨，这黏性的线上排了许多小小的露珠。它们把蛛网的丝压得弯下来，于是形成了许多垂曲线，像许多透明的宝石穿成的链子。太阳一出来，这一条链子就发出彩虹一般美丽的光彩，好像一串金刚钻。"e"这个数，就蕴含在这光明灿烂的链子里。望着这美丽的链子，你会发现科学之美、自然之美和探究之美。

> 把在太阳照耀下发出光彩的露珠比作"金刚钻"，表现出作者对造成蛛网上美丽垂曲线的水珠的喜爱之情。

几何学，这研究空间的和谐的科学几乎统治着自然界的一切。

在铁杉果的鳞片的排列中以及蛛网的线条排列中，我们能找到它；在蜗牛的螺线中，我们能找到它；在行星的轨道上，我们也能找到它。

它无处不在，无时不在，在原子的世界里，在广大的宇宙中，它的足迹遍布天下。

这种自然的几何学告诉我们，宇宙间有一位万能的几何学家，它已经用神奇的工具测量过宇宙间所有的东西，所以万事万物都有一定的规律。我觉得用这个假设来解释鹦鹉螺和蛛网的对数螺线，似乎比蠕虫绞尾巴而造成螺线的说法更恰当。

名师赏读

圆网蛛的网不仅牢固坚韧，而且具有很好的艺术效果，圆网蛛在网上织出了漂亮的螺旋曲线，像变魔术似的。圆网蛛将线绕得很精确，一根根弦和支持它的两根辐所形成的所有锐角和钝角都分别相等，形成了几何学的"对数螺线"。在法布尔看来，织这样的螺线是蜘蛛天生的本领，而这样的螺线在自然界中是无处不在、无时不在的，例如蜗牛的壳、鹦鹉螺的壳等。

几何学是研究空间的和谐的科学，法布尔用几何学的知识分析了种种常见的自然现象，看似稀松平常的现象往往包含着深奥的科学原理，但是科学的研究视角又会让问题变得非常复杂。法布尔认为，"越是高深的道理，其表现形式就越应该简单而朴实"。

　　本节的描写客观严谨，语言简洁清晰，作者描述蛛网之美的同时，介绍了几何学知识，令我们受益匪浅。我们应该像法布尔一样，学会多角度观察、思考事物，大胆假设，品味科学之美、自然之美和探究之美。

聪明的电报学家

聪 明

六种圆网蛛中，常常歇在网中央的只有两种，那就是条纹蜘蛛和丝光蛛。它们即使受到烈日的灼烧，也决不会轻易离开网去阴凉处歇一会儿。至于其他蜘蛛，它们一律不在白天出现。它们自有办法使工作和休息互不相误，在离它们的网不远的地方，有一个隐蔽的场所，是用叶片和线卷成的。白天它们就躲在这里面，静静地，让自己深深地陷入沉思中。

> 用拟人的修辞手法写出部分蜘蛛在白天的生活很惬意。

这阳光明媚的白天虽然使蜘蛛们头晕目眩，却是昆虫最活跃的时候，蝗虫们活泼地跳着，蜻蜓们快活地飞舞着，所以白天正是蜘蛛们捕食的好时机。那富有黏性的网虽然晚上是蜘蛛的居所，白天却是一个大陷阱，如果有一些粗心的昆虫碰到网，被粘住了，躲在别处的蜘蛛是否会知道呢？不要为蜘蛛会错失良机而担心，只要网上一有动静，它便会闪电般地冲过来。它是怎么知道网上发生的事的呢？让我来解释吧。

它知道网上有猎物是因为网的振动，而不是它自己的眼睛。为了证明这一点，我把一只死蝗虫轻轻地放到有好几只蜘蛛的网上，并且放在它们看得见的地方。有几只蜘蛛是在网中，有几只是躲在隐蔽处，可是它们似乎都不知道网上有了猎物。后来我把蝗虫放到了它们面前，它们还是一动不动。它们似乎什么也看不见。于是我用一根长草拨动那只死蝗虫，让它动起来，同时使网振动起来。

原 理

结果证明：停在网中的条纹蜘蛛和丝光蛛飞速赶到蝗虫身边；其他隐藏在树叶里的蜘蛛也飞快地赶来，好像平时捉活虫一般，熟练地放出丝来把死蝗虫捆了又捆，缠了又缠，丝毫不怀疑自己是不是在浪费宝贵的丝线。由这个实验可见，蜘蛛什么时候出来攻击猎物，完全要看网什么时候振动。

如果仔细观察那些白天隐居的蜘蛛的网，我们可以看到，网中心有一根丝一直通到蜘蛛各自隐居的地方，这根丝的平均长度大约有半米；不过角蛛的网有些不同，因为角蛛是隐居在高高的树上的，所以它们的这根丝一般有两三米长。

这条斜线还是一座桥梁，靠着它，蜘蛛才能匆匆地从隐居的地方赶到网中央，等它在网中央的工作完毕后，又沿着它回到隐居的地方，不过这并不就是这根线的全部效用。如果它的作用仅仅在于这些的话，那么这根线应该从网的顶端引到蜘蛛的隐居处就可以了，因为这可以减小坡度，缩短距离。

这根线之所以要从网的中心引出，是因为中心是所有的辐的出发点和连接点，每一根辐的振动，对中心都有直接的影响。一只虫子在网的任何部分挣扎，都能把振动直接传导到中央这根线上。所以蜘蛛躲在远远的隐蔽处，就可以从这根线上得到猎物落网的消息。这根斜线不但是一座桥梁，而且是一种信号工具，是一根电报线。

年轻的蜘蛛都很活泼，它们都不懂得接电报线的技术。只有那些老蜘蛛，当它们坐在绿色的帐幕里默默沉思或是安详假寐的时候，它们会留心着电报线发出的信号，从而得知在远处发生的动静。

> "默默沉思""安详假寐"形象地描绘出老蜘蛛们运筹帷幄与老谋深算的样子。

长时间的守候是辛苦的，为了减轻工作的压力和好好休息，同时又丝毫不放松对网上发生的情况的警觉，蜘蛛总是把腿搁在电报线上。这里有一个真实的故事可以证明这一点。

我曾经看到一只在两棵常青树间结了一张网的角蛛。太阳照得丝网闪闪发光，它的主人早已在天亮之前藏到居所里去了。你如果沿着电报线找过去，很容易就能找到它的居所。那是一个用枯叶和丝做成的圆屋顶。屋造得很深，蜘蛛的身体几乎全部隐藏在里面，后端的身体堵住了

进口。

它的前半身埋在居所里，所以，它当然看不到网上的动静了，即使它有一双敏锐的眼睛，也未必看得见，何况它其实是个半盲呢！那么，在阳光灿烂的白天，它是不是就放弃捕食了呢？让我们来看看吧。

你瞧，它的一条后腿忽然伸出叶屋，后腿的顶端连着一根丝线，而那线正是电报线！我敢说，无论是谁，如果没有看见过蜘蛛的这手绝活，即把它的脚端放在电报接收器上的姿势，他就不会知道动物表现自己智慧的最有趣的一个例子。让猎物在这张网上出现吧，让这位假寐的猎手感觉到电报传来的信号吧！我故意在网上放了一只蝗虫。之后，一切都像我预料的那样，虫子的振动带动网的振动，网的振动又通过丝线——电报线传导到守株待兔的蜘蛛的脚上。

蜘蛛为得到食物而满足，而我比它更满意，因为我学到了我想学的东西。

还有一点值得讨论的地方。那蛛网常常要被风吹动，那么电报线是不是不能区分网的振动是来自猎物的挣扎还是风的吹动呢？事实上，当风吹动引起电报线晃动的时候，在居所里闭目养神的蜘蛛并不行动，它似乎对这种假信号不屑一顾。所以这根电报线的另外一个神奇之处在于，它像一台电话，就像我们人类的电话一样，能够传来各种真实的声音。蜘蛛用一个脚趾接着电话线，用腿听着信号，就能分辨出囚徒挣扎的信号和风吹动所发出的假信号。

> 形象地写出蜘蛛分辨出虚假信号后懒洋洋的姿态。

名师赏读

本节，法布尔用轻松快意的文字向我们介绍了圆网蛛的捕食行为。除了条纹蜘蛛和丝光蛛喜欢歇在网中央，其他蜘蛛都爱躲在用叶片和线卷成的隐蔽场所里。蛛网中心有一根丝一直通到它们隐居的地方，蜘蛛们把腿搁在这根线上，一旦有猎物自投罗网，在网上拼命挣扎，网的振动就会通过这根丝线将信号传导到蜘蛛的脚上，然后蜘蛛飞快地冲到网上，吐丝将猎物缠捆起来。蛛网任何部分的振动都能直接传导到这根线上，它宛若一座桥梁，蜘蛛正是靠它来往于蛛网与寓所。法布尔根据自己的观察，以角蛛为例做了具体描述。网的振动是来自猎物的挣扎还是风的吹动，蜘蛛们通过电报线就能做出准确的区分。

- 配套视频
- 阅读讲解
- 写作方法
- 阅读资料

扫码立领

随意的旅行家

蜘蛛也会借助旅行工具迁徙，和蒲公英相比，它们的工具以及所使用的方法一点也不逊色。

五月份，我在荒石园里的一棵丝兰上发现了这个秘密。

这棵植物去年已经开花，花茎有一米多高，虽然有些干枯，但许多圆网蜘的孩子爬满了绿叶。太阳照在这里的时候，这群孩子在上面玩耍，一只接一只地爬上花茎的顶端，看起来一片喧闹和混乱。一阵微风拂过，它们一只又一只地从花茎上跃起，仿佛长了翅膀似的，像鸟一样飞了起来，很快地从我的视野中消失了，我根本就无法仔细观察。

> 把蜘蛛比作"鸟"，形象地写出蜘蛛们借风飞行的样子。

我把剩下的小蜘蛛带回了实验室。从刚才的情景中，我发现它们有爬高的本领，于是便准备了一捆半米高的树枝。一眨眼的时间，整群蜘蛛都爬上了顶端，并盲目地四处拉线，织了一张放射状的网。

它们的目的是什么？难道是为出发做准备工作？我思考着这个问题。这些小精灵一直在不知疲倦地奔跑。阳光下，乳白色的网上，它们变成了一个个闪光的点，仿佛星座一般。不少蜘蛛从网上坠下，不停地拉丝，而另外一些只在网上奔跑，好像在织一个网袋似的。

有几只小蜘蛛在桌子和敞开的窗户之间疾奔，仿佛在空中奔跑。如果仔细观察，你会发现它们身后各有一根闪光的丝。但是窗户那边什么也没有。

蜘蛛不可能在空中飞行，除非有一座看不见的天桥。于是，我用小木棍将那只朝窗口奔跑的小蜘蛛击落。这个小家伙立刻停止了前进，我的儿子小保尔也被眼前的情景惊呆了。

我们发现：在空中行进的蜘蛛前面有一根丝，而身后却有两根丝。前面的一根丝随风飘动，一旦接触到任何东西，就能固定下来。而且不论风多么微弱，也完全可以把丝拉长、带走。

把蜘蛛在空中拉出的线比作"天桥"，形象生动。

天桥一架好，蜘蛛跨越万丈深渊也就没有任何障碍了。然而，在实验室中，蜘蛛又是如何做到这一点的呢？

冷空气从敞开的门口进来，热空气又从窗户出去，就形成了一股流动的风。尽管这股风特别微弱，甚至连我都未觉察，但它也足以带走丝，让蜘蛛"飞行"。

我关上门窗，又用棍子切断蜘蛛们已经修好的所有通道。

不料，蜘蛛又朝着我意想不到的方向迁徙了。由于太阳光的照射，地板上有一股轻轻的热气流向上流动。只见一只小家伙疾速向上攀升，身后有几只也从不同路径跟进。它们好像变魔术似的，只用了几分钟时间，大部分就已紧贴在天花板上了。

有些蜘蛛爬到一定高度就会停止，甚至下滑。这主要是因为丝的一端尚未固定，只要向上的浮力和向下的重力达到平衡，它就会停止移动；而重力一旦超过浮力，丝就会缩短，蜘蛛也随之下滑。

表现出小蜘蛛们借风而行的迅疾、轻盈。

为了不让那些无法停泊的蜘蛛死去，我打开了窗户，并剪断了几根丝，吊在细丝上的蜘蛛，突然被窗外的风带着穿过窗户，飞走，消失了。

多么方便的旅行方式！这些听凭风摆布的可爱的小家伙，会在哪里落脚呢？

我相信，在自由的原野上，这些蜘蛛会纷纷爬上细树枝，并各自拉出一根几米长的丝，随风飘去，或随太阳烤热的地面上上升的气流在空中波动。同时，它们使劲拉扯着固定的一头，一旦挣脱了束缚，便消失在远方。

名师赏读

我们都见过蜘蛛利用丝线在空中攀爬、降落或悬停的样子。法布尔发现，蜘蛛有爬高的本领，不仅如此，它们还是随意的旅行家。它们的旅行工具和方法看上去都很简单，工具是丝线，方法就是依靠风或热气流移动。蜘蛛"飞行"时，身前飘荡着一根丝线，这根丝线被风随意拉长、带走，触到任何东西都可以粘住，蜘蛛身后则有两根丝线固定着。哪怕风特别微弱，蜘蛛也能借风"飞行"，在空中任由风摆布。

　　法布尔在荒石园探知了蜘蛛"飞行"的秘密，他惊叹这些可爱的小家伙的旅行方式竟然如此简单。蜘蛛们拉扯丝线、恣意飞翔的情景仿佛已映入我们的眼帘。

扫码立领

· 配套视频

· 阅读讲解

· 写作方法

· 阅读资料

用毒的高手——狼蛛

狼　蛛

据意大利人说，狼蛛的一刺能使人痉挛而疯狂地跳舞。要治疗这种病，除了音乐，再也没有别的灵丹妙药了，并且只有固定的几首曲子可以治疗这种病。这个传说听起来有点可笑，但仔细一想也有一定的道理。狼蛛的刺或许能刺激神经而使被刺的人失去常态，只有音乐能使他们镇定而恢复常态，而剧烈地跳舞能使被刺中的人出汗，因而把毒素驱赶出来。

在我们这一带，有最厉害的黑肚狼蛛，我们从它们身上可以得知蜘蛛的毒性有多大。

我家里养了几只狼蛛，让我把它们介绍给你，并告诉你它们是怎样捕食的吧！

这种狼蛛的腹部长着黑色的绒毛和褐色的条纹，腿部有一圈圈灰色和白色的斑纹。它最喜欢住在长着百里香的干燥沙地上。我那块荒地刚好符合这个要求，这种蜘蛛的穴有二十个以上。每次我经过洞边，向里面张望的时候，总可以看到四只大眼睛。这位隐士的四个望远镜像金刚钻一般闪着光，而在地底下的四只小眼睛就不容易看到了。

狼蛛的居所大约有一尺深，一寸宽，是它们用自己的毒牙挖成的，刚刚挖的时候，洞是笔直的，之后才渐渐地打弯。洞的边缘有一堵矮墙，是用稻草和各种废料的碎片甚至一些小石头筑成的，看上去有些简陋，不仔细看还看不出来。有时候这种围墙有一寸高，有时候却仅有地面上隆起的一道边那么高。

我打算捉一只狼蛛，于是我在洞口舞动一根小穗，模仿蜜蜂的嗡嗡声。我想狼蛛听到这声音会以为是猎物自投罗网，马上会冲出来。可是我的计划失败了。那狼蛛倒的确往上爬了一些，想弄清楚这到底是什么东西发出的声音，但它立刻嗅出这不是猎物而是一个陷阱，于是一动不动地停在半途，坚决不肯出来，只是充满戒心地望着洞外。

看来要捉到这只狡猾的狼蛛，唯一的办法就是用活的蜜蜂作为诱饵。

于是我找了一个瓶子，瓶子的口和洞口一样大。我把一只土蜂装在瓶子里，然后把瓶口罩在洞口上。这强大的土蜂起先只是嗡嗡直叫，歇斯底里地撞击着这玻璃囚室，拼命想冲出这可恶的地方。当它发现有一个洞口和自己的洞口很像的时候，便毫不犹豫地飞进去了。

当它飞下去的时候，那狼蛛也正在匆匆忙忙往上赶，于是它们在洞的拐弯处相撞了。不久我就听到里面传来一阵惨叫声——那只可怜的土蜂！这以后便是一段长时间的沉默。我把瓶子移开，用一把钳子到洞里去探索。

我把那土蜂拖出来，它已经死了，正像刚才我所想象的那样。一幕悲剧早已在洞里发生了。这狼蛛突然被夺走了从天而降的猎物，愣了一下，便急急地跟上来，它实在舍不得放弃这肥美的猎物。于是猎物和打猎的都出洞了，我赶紧趁机用石子把洞口塞住。这狼蛛被突如其来的变化惊呆了，一下子变得很胆怯，在那里犹豫着，不知该怎么办才好，根本没有勇气逃走。不到一秒钟工夫，我便毫不费力地用一根草把它拨进一个纸袋里。我就用这样的办法诱它出洞，然后将它捉拿归案。不久我的实验室里就有了一群狼蛛。

> "惊呆""胆怯""犹豫"准确地写出了狼蛛在遭到突如其来的变故后不知所措的样子。

我用土蜂去引诱它，不仅仅是为了捉它，而且还想看看它怎样猎食。我知道它要吃新鲜的食物，而不像甲虫那样吃母亲为自己储藏的食物，或者像黄蜂那样有奇特的麻醉术，可以将猎物的新鲜程度保持两星期之久。它是一个凶残的屠夫，一捉到食物就将其活活地杀死，当场吃掉。

> 把狼蛛比作"屠夫"，形象地写出它嗜杀的本性。

狼蛛得到它的猎物确实也不容易，也需冒很大的风险，那有着强有力的牙齿的蚱蜢和带着毒刺的蜂随时都可能进入它的洞。说到武器，这

两方不相上下。究竟谁更胜一筹呢？狼蛛除了它的毒牙没有别的武器，它不能像条纹蜘蛛那样放出丝来捆住敌人。它唯一的办法就是扑在敌人身上，立刻把它杀死。它必须把毒牙刺入敌人最致命的地方。虽然它的毒牙很厉害，可我不相信它在任何地方轻轻一刺而不刺中要害就能取了敌人的性命。

作　战

我已经讲过狼蛛杀死土蜂的故事，可这还不能使我满足，我还想看看它与别的昆虫作战的情形。于是我替它挑了一种强大的敌手，那就是木匠蜂。这种蜂周身长着黑绒毛，翅膀上嵌着紫线，差不多有一寸长。它的刺很厉害，人被它刺了以后很痛，而且皮肤会肿起一块，很久以后才消失。我之所以知道这些，是因为曾经身受其害，被它刺过。它的确是值得狼蛛去决一胜负的劲敌。

我捉了几只木匠蜂，把它们分别装在瓶子里，又挑了一只又大又凶猛并且饿得正慌的狼蛛。我把瓶口罩在那只穷凶极恶的狼蛛的洞口上，那木匠蜂在玻璃囚室里发出激烈的嗡嗡声。狼蛛被惊动了，从洞里爬了出来，半个身子探出洞口，它看着眼前的景象，不敢贸然行动，只是静静地等候着，我也耐心地等候着。一刻钟过去了，

生动地描绘出狼蛛在遇到劲敌时小心谨慎的举动。

半个小时过去了，什么事都没有发生，狼蛛居然又若无其事地回到洞里去了。它大概觉得不对头，贸然去捕食的话太危险了。我照这个样子又试探了其他几只狼蛛，我不信每一只狼蛛在面对丰盛的美食时都会无动于衷，于是继续一个一个地试探着，看它们是不是都是这个样子，总对"天上掉下的猎物"怀有戒心。

最后，我终于成功了。有一只狼蛛猛烈地从洞里冲出来，无疑，它一定饿疯了。就在一眨眼间，恶斗结束了，强壮的木匠蜂已经死了。凶手把毒牙刺到了它身体的哪个部位呢？是在它的头部后面。狼蛛的毒牙还咬在那里，我怀疑它真具有这种能力：不偏不倚地咬在唯一能置对方于死地的地方，也就是它的俘虏的神经中枢。

我做了好几次实验，发现狼蛛总是能在转眼之间干净利落地把敌人干掉，并且作战手段都很相似。现在我明白了为什么在前几次实验中，狼蛛会只看着洞口的猎物，却迟迟不敢出击。它的犹豫是有道理的。像这样强大的昆虫，它不能鲁莽地去捉，万一它没有击中其要害的话，那它自己就完了。因为如果木匠蜂没有被击中要害的话，至少还可活上几个小时，在这几个小时里，它有充分的时间来回击敌人。狼蛛很清楚这一点，所以它要守在安全的洞里，等待机会，直到等到那大蜂正面对着它，头部极易被击中的时候，它才立刻冲出去，否则决不会用自己的生命去冒险。

毒　素

让我来告诉你，狼蛛的毒素是一种多么厉害的暗器。

我做了一次实验，让一只狼蛛去咬一只羽毛刚长好的将要出巢的幼小的麻雀。麻雀受伤了，一滴血流了出来，伤口被一个红圈圈着，一会儿又变成了紫色，而且这条腿已经不能用了，使不上劲。小麻雀只能单腿跳跃。

除此之外，它好像没什么痛苦，胃口也很好。我的女儿同情地把苍蝇、面包和杏酱喂给它吃，这可怜的小麻雀做了我的实验品。但我相信它不久以后一定会痊愈，很快就能恢复自由，这也是我们一家共同的愿望和推测。十二个小时后，我们对它的伤情仍然挺乐观的。它仍然好好地吃东西，喂得迟了它还要发脾气。可是两天以后，它不再吃东西了，羽毛零乱，身体缩成一个小球，有时候一动不动，有时候发出一阵痉挛。我的女儿怜爱地把它捧在手里，哈着气使它温暖。可是它痉挛得越来越厉害，次数越来越多，最后，它还是离开了这个世界。

那天的晚餐席上透着一股寒气。我从一家人的目光中看出，他们对我的这种实验的无声的抗议和责备。我知道他们一定认为我太残忍了。大家都为这只不幸的小麻雀的死而悲伤。我自己也很懊悔：我所要知道的只是很小的一个问题，却付出了那么大的代价。

尽管如此，我还是鼓起勇气又用一只鼹鼠做实验，它是在偷田里的莴苣时被我们捉住的。我把它关在笼子里，用各种昆虫如甲虫、蝉喂它，它大口大口贪婪地吃着，被我养得胖胖的，健康极了。

我让一只狼蛛去咬它的鼻尖。被咬过之后，它不住地用它的宽爪子挠抓着鼻子，因为它的鼻子开始慢慢地腐烂了。

从这时开始，这只大鼹鼠渐渐食欲不振，什么也不想吃，行动迟钝，我能看出它浑身难受。到第二个晚上，它已经完全不吃东西了。大约在被咬后三十六小时，它也死了。笼里还剩着许多昆虫没有被吃掉，证明它不是被饿死的，而是被毒死的。

狼蛛的毒牙不仅能结束昆虫的性命，对一些稍大一点的小动物来说，也是危险可怕的。它可以置麻雀于死地，也可以使鼹鼠毙命，尽管后者的体积要比它大得多。虽然后来我再没有做过类似的实验，但我可以说，我们千万要小心戒备，不要被它咬到，这实在不是一件可以拿来试验的事。

现在，我们试着把这种杀死昆虫的蜘蛛和麻醉昆虫的黄蜂比较一下。蜘蛛，因为它靠吃新鲜的猎物生活，所以它咬昆虫头部的神经中枢，使昆虫立刻死去；而黄蜂，它要保持食物的新鲜，为它的幼虫提供食物，因此它刺在猎物的另一个神经中枢上，使猎物失去动弹的能力。相同的是，它们都喜欢吃新鲜的食物，用的武器都是毒刺。

猎　食

我在实验室的泥盆里，养了好几只狼蛛。从它们那里，我看到狼蛛猎食时的详细情形。这些做了我的俘虏的狼蛛的确很健壮。它们的身体藏在洞里，脑袋探出洞口，玻璃般的眼睛向四周张望，腿缩在一起，做着准备跳跃的姿势，它们就这样在阳光下静静地守候着，一两个小时不知不觉就过去了。

> "藏""探""张望""缩"等动词，描写了狼蛛伺机捕杀昆虫时的样子，生动逼真。

如果它看到一只可作为猎物的昆虫从旁边经过，它就会如箭一般地跳出来，狠狠地用它的毒牙咬住猎物的头部，然后露出满意又快乐的神情，那些倒霉的蝗虫、蜻蜓和许多其他昆虫还没有明白过来是怎么回事，就成了它的盘中美餐。它拖着猎物很快地回到洞里，也许它觉得在自己家里用餐比较舒适吧。它的技巧以及敏捷的身手真是令人叹为观止。

如果猎物离它不太远，它纵身一跃就可以扑到，很少有失手的时候。但如果猎物在很远的地方，它就会放弃，决不会特意跑出来穷追不舍。看来它不是一个贪得无厌的家伙，不会落得一个"鸟为食亡"的下场。

从这一点可以看出，狼蛛是很有耐性，也很理性的。因为在洞里没有任何帮助它猎食的设备，它必须始终傻傻地守候着。如果是没有恒心和耐心的动物，一定不会这样持之以恒，肯定没多久就退回到洞里去睡大觉了，可狼蛛不是这种动物。它确信，猎物今天不来，明天一定会来；明天不来，将来也总有一天会来。在这块土地上，蝗虫、蜻蜓之类的昆虫多得很，并且它们又总是那么不谨慎，总有机会刚好跳到狼蛛近旁。所以狼蛛只需等待，时候一到，它就立刻蹿上去捉住猎物，将其杀死，或是当场吃掉，或是拖回去以后吃。

虽然狼蛛很多时候都是"等而无获"，但它的确不大会受到饥饿的威胁，因为它有一个能节制的胃。它可以在很长一段时间内不吃东西而不感到饥饿。比如我那实验室里的狼蛛，有时候我会连续一个星期不给其喂食，但它们看上去照样气色很好。在饿了很长一段时间后，它们并不见憔悴，只是变得极其贪婪，就像狼一样。

在狼蛛年幼的时候，它还没有一个藏身的洞，不能躲在洞里"守洞待虫"，不过它有另外一种觅食的方法。那时它也有一个灰色的身体，像别的大狼蛛一样，就是没有黑绒腰裙——那个要到结婚的年龄时才能拥有。

它在草丛里徘徊着，这是真正的打猎。当看到一种想吃的猎物时，小狼蛛就冲过去蛮横地把它赶出巢，然后紧追不舍。那亡命者正预备起飞逃走，可是往往来不及了——小狼蛛已经扑上去把它逮住了。

我喜欢欣赏我那实验室里的小狼蛛捕捉苍蝇时那种敏捷的动作。苍蝇虽然常常歇在两寸高的草上，可是只要狼蛛猛然一跃，就能把它捉住。猫捉老鼠都没有那么敏捷。

但这只是狼蛛小时候的故事，因为它们身体比较轻巧，行动不受任何限制，可以随心所欲。可长大以后它们要带着卵跑，就不能任意地东跳西蹿了。所以它们就先替自己挖个洞，整天在洞口守候着，这便是成年狼蛛的猎食方式。

没有谁教它们怎样根据自己的需要分别用不同的方法对待猎物，它们生来就明白这一点。

名师赏读

荒石园一带的狼蛛喜欢住在长着百里香的干燥沙地里，抓到它们不是那么容易。法布尔用活的土蜂做诱饵捕捉了几只狼蛛，费了一番周折。狼蛛要吃新鲜食物，一旦捕获猎物，它们会立刻将其杀死。为了仔细观察狼蛛的猎食过程，法布尔安排了一场木匠蜂与狼蛛的战斗。狼蛛战斗时极有耐心，善于等待时机，毒牙是它们的致命武器，它们以迅雷之势咬住敌人的神经中枢，注入毒素，敌人就会立即毙命。

为了探究狼蛛的毒素究竟有多厉害，法布尔又用幼小的麻雀和一只鼹鼠做实验，结果它们在被狼蛛咬过之后，都中毒身亡了。

狼蛛捕食也有失手的时候，但每次捕猎，它们都会做好准备，知道审时度势，且有惊人的耐力。即使面对危险的敌人，它们也会很淡定，懂得先保护好自己。狼蛛的故事告诉我们，不做无把握之事，我们才更有可能实现目标，取得成功。

迷宫蛛——最慈爱的母亲

奇 观

迷宫蛛又叫美洲狼蛛，是一种黑色的蜘蛛。我与迷宫蛛接触的机会极多，对它也很感兴趣，所以对它做了一番研究，我觉得是很有收获的。在七月的清晨，太阳还不至于烤人脖子的时候，每星期我都要去树林里看几次迷宫蛛。孩子们也都跟着我去，每人还带上一个橙子，以供解渴之用。

走进树林，不久，我们就发现许多很高的丝质建筑物，丝线上还挂着不少露珠，在太阳光的照射下闪闪发光，好像皇宫里的稀世珍宝一般。看到这个美丽的"灯架"，孩子们惊呆了，几乎忘记了他们的橙子。我们的蜘蛛的迷宫真算得上一个奇观！

> 把蜘蛛的网比作"灯架"，形象地表现出其外形特征。

经过太阳半小时的照射，可以专心观察迷宫蛛的网了。魔幻般的珠光随着露水一起消失了。现在那丛蔷薇花的上方拉出的一张网，大概有一块手帕那么大，周围有许多线攀到附近的矮树丛中，使它能够在空中固定住，中间这张网看起来犹如一层又轻又软的纱。

> 用"纱"来比喻蜘蛛网，形象地描绘出蛛网既薄又透明的样子。

网的四周是平的，渐渐向中央凹，到了最中间便变成一根管子，有五六寸深，一直通到叶丛中。

迷宫蛛就坐在管子的进口处。它对着我们坐着，一点也不惊慌。它的身体是灰色的，胸部有两条很阔的黑带，腹部有两条细带，由白条和褐色的斑点相间排列而成。在它的腹部末端，有一种"双尾"，这在普通蜘蛛中是很少见的。

我猜想在管子的底部，一定有一个垫得软软的小房间，作为迷宫蛛空闲时候的休息室。可事实上那里并没有什么小房间，只有一个像门

一样的东西，一直是开着的，它在外面遇到危险的时候，可以直接逃回来。

上面那张网是用许多丝线攀到附近的树枝上的，所以看上去活像一艘暴风雨下抛锚的船。这些充当铁索的丝线——有长的，也有短的；有垂直的，也有倾斜的；有绷紧的，也有松弛的；有笔直的，也有弯曲的——都杂乱地交叉在约一米的高处。这确实可以算是一个迷宫，除了最强大的虫子，谁都无法打破它，逃脱它的束缚。

迷宫蛛不像别的蜘蛛那样可以用有黏性的网作为陷阱，它的丝是没有黏性的，它的网妙就妙在它的迷乱。你看那只小蝗虫，它刚刚在网上落脚，便由于网摇曳不定，根本没法让自己站稳，一下子陷了下去。它开始焦躁地挣扎，可是越挣扎陷得越深，好像掉进了可怕的深渊一样。迷宫蛛待在管底静静地张望着，看着那倒霉的小蝗虫垂死挣扎，它知道，这个猎物马上会落到网的中央，成为它的盘中美餐。

果然，一切都在迷宫蛛的意料之中。至于那蝗虫，在迷宫蛛咬它第一口的时候就死了——迷宫蛛的毒液使它一命呜呼。

迷 宫

到快要产卵的时候，迷宫蛛就要搬家了。尽管它的网还是完好无损的，但它必须忍痛割爱。它不得不舍弃它，而且以后也不再回来了。它必须去完成它的使命，一心一意去筑巢了。它把巢筑在什么地方呢？迷宫蛛自己当然知道得很清楚，而我，却一点头绪都没有，实在猜想不出它会把巢造在哪里。我花了好几个早晨在树林中的各个地方搜索。

功夫不负有心人，我终于发现了它的秘密。

在离网几步远的一个树丛里，它造好了自己的巢。那里堆着一堆枯柴，草率而杂乱地缠在一起，显得有点脏。就在这个简陋的盖子下，有一个做得比较细致、精巧的丝囊，里面就是迷宫蛛的卵。

> 展现了迷宫蛛的居住环境和丝囊的样子。

看到它的巢那么简陋，我不禁有些失望。但是后来我想到了，这一定是因为环境不够好。你想，在这样一个密密的树丛里，在一堆枯枝枯叶中，哪里有条件让它做精致的活呢？为了证明我的推想没有错，我带了十二只快要产卵的迷宫蛛到我家里，放在实验室的一个铁笼子里面，然后把铁笼子竖在一个盛沙的泥盘子里，又在泥盘中央插了一根百里香的小树枝，使每一个巢都有攀附的地方。一切准备就绪，现在就让它们大显身手吧！

这个实验获得了极大的成功。八月底的时候，我得到了十只雪白的、外观富丽精致的丝囊。迷宫蛛在这样一个舒适的环境里工作，活干得自然细致了许多。让我来尽情地观察吧！迷宫蛛的巢是一个由白纱编织而成的卵形的囊，有一个鸡蛋那么大。巢内部的构造也很迷乱，和它的网差不多——看来这种建筑风格在它的脑子里已经根深蒂固了，所以无论在什么场所，在什么条件下，它造的建筑物都是那样杂乱无章。

这个布满丝的迷宫还是一个守卫室。在这乳白色的半透明的丝墙里面还装着一个卵囊，这样一个卵囊里面，大概藏着一百颗淡黄色的卵。卵囊是一个很大的灰白色的丝袋，周围筑着圆柱子，使它能够固定在巢的中央。这种圆柱都是中间细，两头粗，总共有十二个，在卵室的周围构成一个白色的围廊。母蛛在这个围廊里徘徊着，一会儿在这里停住，一会儿又在那里停住，时时聆听着卵囊里的动静。

轻轻移去外面的白丝墙后，可以看到里面还有一层泥墙，那是丝线夹杂着小沙子做成的。可是这些小沙子是怎么到丝墙里面去的呢？是跟着雨水渗进去的吗？不对，因为外面的丝墙上白得没有一丝斑点，更不用说什么水迹了，看来绝不是从这墙上渗进去的。到后来，我才发现这是母蛛自己搬进去的，它怕卵受到寄生虫的侵犯，所以特地把沙粒掺在丝线里面做成一堵坚固的墙。

母　爱

这丝墙里面还有一个丝囊，那才是盛卵的囊。我打开的这个巢里面的卵已经孵化了，所以我能看到许多幼小的蜘蛛在囊里快乐地爬来爬去。

但是，再回过头来看看那母蛛，它为什么要舍弃那张还完好无损的网，而把巢筑到那么远的地方呢？它的舍近求远自然有它的道理。你还记得它的网的样子吧？它的网像一个错综复杂的迷宫，高高地露在树叶丛的外面，这是一个巨大的陷阱，同时也是一个很醒目的标志，它的敌人寄生虫轻而易举地就能看到这个迷宫，然后循着迷宫再找到迷宫蛛的巢。如果这巢离那醒目的网很近的话，那么寄生虫会不费吹灰之力就把迷宫蛛的巢找到。

提防寄生虫入侵是每一个母亲为了保护下一代所必须完成的一项重要任务。况且迷宫蛛的死敌寄生虫专门吃新生的卵，如果找到迷宫蛛的巢，寄生虫就会毫不客气地把它毁灭。

所以，聪明而尽责的迷宫蛛就趁着夜色到各处去察看地形，找一个最安全的地方作为孩子们的安乐窝，至于那个地方美观不美观，环境怎么样，倒是次要的了。那沿着地面生长的矮矮的荆棘丛，它们的叶子在冬天里也不会脱落，而且它们还能钩住附近的枯叶，对迷宫蛛来说，不能不说是一个理想的居处。还有那又矮又细的迷迭香丛，也是迷宫蛛爱做巢的地方。在这种地方，我常常能够找到不少迷宫蛛的巢。

有许多蜘蛛产卵以后就永远离开自己的巢了。可是迷宫蛛和蟹蛛一样，会一直紧紧地守着巢。不过不同的是，迷宫蛛不会像蟹蛛那样绝食，以致日益消瘦下去，它会照常捕蝗虫吃。它用一团纷乱错杂的丝筑起了一个捕虫箱，继续补充营养。

> 通过描写迷宫蛛的一系列动作，表现它对子女的"尽心尽责"，突出迷宫蛛颇具母爱的特点。

当它不捕食时，那就像我们所看到的那样，在走廊里踱来踱去，侧耳倾听四面八方的动静。如果我用一根稻草在巢的某一处拨一下，它就会立即冲出来查看个究竟。它就是用这种警惕的态度，尽心尽责地保护着自己未成年的孩子们。

迷宫蛛产了卵后胃口还那么好，表示它还要继续工作。因为动物不像人类，有时候吃东西仅仅是因为嘴馋，它吃东西是为了工作。

可是产完卵后，它这一生中最伟大的任务已经完成了，它还要做什么工作呢？经过探究后，我才发现它所要做的工作是什么。大约又花了一个月的工夫，它继续在巢的墙上添着丝。这墙最初是透明的，现在却变得又厚又不透明了。这就是它还要大吃特吃的原因：为了充实它的丝腺来为它的巢造一堵厚墙。

九月中旬，小蜘蛛们孵化出来了。但是它们并不离开巢，它们要在这温软舒适的巢里过冬。母蜘蛛继续看护着它们，继续纺着丝线。不过岁月无情，它一天比一天迟钝了，它的食量也渐渐地小起来。有时候我特意放几条蝗虫到它的捕猎器里去喂它，它也显得无动于衷，一口也不想吃。虽然这样，它还是能维持四五个星期的生命，在它离开这个世界之前，它继续一步不离地守着这巢，一看到巢里新生的小蜘蛛在活泼地爬来爬去，它便感到无限满足和快慰。最后，到十月底的时候，它用最后一点力气替孩子们咬破巢后，便筋疲力尽而死。它已尽了一个最慈爱的母亲所应尽的责任，它无愧于它的孩子们，无愧于这个世界。至于以后的事，就看小蜘蛛自己了。到了来年的春天，小蜘蛛们从它们舒适的屋里走出来，然后靠着它们的飞行工具——游丝，飘到各地去了。

名师赏读

美洲狼蛛之所以又叫迷宫蛛，是因为它们的网和巢都像迷宫一样。手帕大小的蛛网像轻纱一样，网中央有一根五六寸深的管子，直通到叶丛里，管子底部没有小房间。虽然迷宫蛛的蛛丝没有黏性，但小昆虫一旦落入网中，就好似闯入了迷宫，它们越是挣扎便会陷得越深，快速落到网的中央。迷宫蛛扑上去狠咬一口，毒液就让猎物毙命了。到产卵时，迷宫蛛会舍弃它的网，寻找一处最安全的地方筑巢。

法布尔将一些快要产卵的迷宫蛛带进实验室，他很快得到了十只精致富丽的丝囊，个个大如鸡蛋，其内部构造如迷宫般杂乱无章，每个丝囊里大概都藏着一百颗淡黄色的卵。母蛛会在丝囊的里面做一层泥墙，以防蛛卵受到寄生虫的侵犯。寄生虫专吃新生的蛛卵，这正是迷宫蛛舍弃蛛网单独筑巢的原因。

蛛卵孵化后，母蛛仍寸步不离它的巢，时刻警惕周围的动静，并继续在巢的墙上添加蛛丝。在生命的最后时刻，迷宫蛛会用最后一丝力气替孩子们咬破巢，然后精疲力竭而死。"可怜天下父母心"，迷宫蛛倾尽全力抚育子女，真称得上是动物世界里慈爱的母亲。

• 配套视频

• 阅读讲解

• 写作方法

• 阅读资料

扫码立领

螳螂——挥舞着镰刀的斗士

武 器

螳螂是一种美丽的昆虫，它像一位身材修长的少女。在烈日下的草丛中，它仪态万方，严肃半立，前足像人的手臂一样伸向天空，活脱脱一副诚心诚意的样子。

如果单从外表上看，它并不让人害怕，相反，它看上去相当精致：它有优雅的体态，淡绿的体色，轻薄如纱的长翼；颈部是柔软的，头可以朝任何方向自由转动。只有这种昆虫能控制自己的视线，真可谓是眼观六路。它甚至还有面部表情。

> 从螳螂的体态、体色、翅膀、颈部等角度说明它的外形特征。

螳螂天生就有着一副优雅的身材。不仅如此，它还拥有另外一种独特的东西，那便是生长在它的前足上的那对极有杀伤力和攻击性的冲杀、防御的武器。而它的这种身材和它这对武器之间的差异简直是太大了，太明显了，真让人难以相信。它是一种优雅与残忍并存的小动物。

见过螳螂的人，都会十分清楚地发现，它纤细的腰部非常长，不光是很长，还特别有力呢！与它的长腰相比，螳螂的大腿要更长一些，而且它的大腿下面还生长着两排十分锋利的像锯齿一样的东西。在这两排尖利的锯齿的后面，还生长着一些大齿。总之，螳螂的大腿简直就是一把有两排刀口的锯子。当螳螂想要把腿折叠起来的时候，它就可以把两条小腿分别收放在这两排锯齿的中间，这样是很安全的，不至于伤到自己。

如果说螳螂的大腿像是一把有两排刀口的锯子的话，那么它的小腿也是一把有两排刀口的锯子，只是生长在小腿上的锯齿要比长在大腿上通过对比，把螳螂大腿和小腿的不同特点清晰地展示给读者。

的多很多。而且，小腿上的锯齿和大腿上的有一些不太相同的地方。螳螂小腿的末端还生长着尖锐的、很硬的钩子，这些小钩子锋利得就像金针一样。

除此以外，螳螂的小腿上还长着一把有着双面刃的刀，就好像那种呈弯曲状，修理各种花枝用的剪刀一样。

对于这些小硬钩，我有着许多惨痛的记忆。我每次想到它们都会有一种难受的感觉。记得曾经有过许多次这样的经历：我到野外去捕捉螳螂的时候，经常遭到这个小动物的反抗，总是捉它不成，反过来倒中了这个小东西的十分厉害的"暗器"，被它抓住了手。而且，它总是抓得很牢，不轻易松开，让我无法自己从中解脱出来，只有想其他的方法，请求别人前来相助，帮我摆脱它的纠缠。在我们这种地方，或许再也没有什么其他的昆虫比这种小小的螳螂更难以对付、更难以捕捉的了。

螳螂身上的武器很多，因此，它在遇到危险的时候，可以选择多种方法来保护自己。比如，它有如针的硬钩，可以用来钩你的手指；它长有锯齿般的尖刺，可以用来扎你的手；它还有一对锋利无比，而且十分健壮的大钳子，这对大钳子对你的手有相当大的威力，当它夹住你的手时，那滋味可不太好受哇！综上所述，这种种有杀伤力的方法，让你很难对付它。要想活捉这个小动物，还真得动一番脑筋，费一番周折呢！否则，捉住它是不可能的。这个小东西，不知要比人类小多少，却能威胁人类。

平时，在它休息的时候，这个异常勇猛的猎手只是将前足蜷缩在胸坎处，看上去似乎特别平和，不至于有那么大的攻击性，甚至会让你觉得，这个小动物简直是一只温和的小昆虫。但是，当它发现猎物时，会突然跳起，摆出可怕的姿势，迅速打开前翅，将前翅斜着甩到两侧，接着展开后翅，像立起两片平行的船帆。螳螂一般从颈部攻击抓到的猎物，它用一只前爪把猎物拦腰钩住，用另一只前爪按住猎物的头，掰开其后面的脖颈，用尖嘴从

"跳""摆""打开""甩"等多个动词，准确、生动地说明了螳螂捕食猎物的过程。

其颈后没有护甲的地方探进去，一口一口地啃咬，不一会儿就在猎物颈上打开一个大口子。接着，这个家伙开始慢慢地品尝猎物的体液，左右移动它的毒钩，直到把猎物的体液吸干为止。

螳螂从颈部攻击猎物，消灭生命之源，啃咬颈部神经节的做法符合解剖学原理。可以说，它是一个解剖学专家，在这方面它比其他昆虫聪明得多，也残忍得多。

假如你想到原野里去详尽地研究、观察螳螂的习性，那几乎是不可能的。因此，我也就不得不把螳螂拿到室内来进行观察、分析和研究。如果把螳螂放在一个用铜丝盖住的盆里面，再往盆里加上一些沙子，那么，这只螳螂将会生活得十分快乐和满足。我所要做的，只是提供给它充足而又新鲜的食物。有了它必需的食品，它会生活得更满足。因为我想要做一些实验，测一下螳螂的力气究竟有多大，所以，我不仅要提供一些活的蝗虫或者是活的蚱蜢给螳螂吃，还必须供给它一些大个的蜘蛛，以使它的身体更加强壮。至于我的观察、研究，便是在我做了上述工作以后所观察到的情形。

捕　食

有一次，一只不知危险、无所畏惧的灰蝗虫朝着那只螳螂迎面跳了过去。螳螂立刻表现出异常愤怒的样子，接着，反应十分迅速地摆出了一种让人感到特别吃惊的姿势，使得那只本来什么也不怕的蝗虫立刻充满了恐惧感。螳螂表现出来的这种奇怪的面相，我敢肯定，你从来也没有见到过。

螳螂把它的翅膀极度地张开，它的翅膀竖在它的后背上，直立得就好像船帆一样。螳螂的腹端弯曲起来，样子很像一根手柄弯曲的拐杖，并且不时地上下起落着。不光是动作奇特，与此同时，它还会发出一种声音，那声音特别像毒蛇喷吐气息时发出的声响。螳螂把自己的整个身体全都放置在后足上面。显然，它已经摆出了一副时刻迎接挑战的姿态，因为，螳螂已经把身体的前半部完全竖起来了，那对随时准备东挡西杀的前臂也早已张开了，露出了胸前黑白相间的斑点。这样一种姿

势，谁能说不是备战的姿势呢？

螳螂在做出这种令谁都惊奇的姿势之后，一动不动，眼睛瞄准它的敌人，随时准备上阵，迎接激烈的战斗。哪怕那只蝗虫轻轻地移动一点位置，螳螂都会马上转动一下它的头，目光始终不离开蝗虫。螳螂这种死死盯人的战术，目的是很明显的，就是利用对方的惧怕心理，让对方的惊恐一点一点加深，造成"火上浇油"的效果，给对手施加更大的压力。螳螂希望在战斗打响之前，就能让面前的敌人因害怕而陷于不利地位，达到使其不战自败的目的。因此，螳螂现在需要虚张声势一番，假装成什么凶猛的怪物，利用心理战术和面前的敌人进行周旋。螳螂真是个心理专家呀！

看起来，螳螂这个精心安排设计的作战计划是完全成功的。那只开始时天不怕、地不怕的蝗虫果然中了螳螂的妙计，真的把它当成什么凶猛的怪物了。当蝗虫看到螳螂的这副奇怪的样子以后，当时就有些吓呆了，它紧紧地注视着面前的这个怪里怪气的家伙，一动也不动，在弄清来者是谁之前，它是不敢轻易地向对方发起什么攻势的。这样一来，一向善于蹦来跳去的蝗虫，现在竟然一下子不知所措了，甚至连马上跳起来逃跑也想不起来了。可怜的蝗虫害怕极了，怯生生地伏在原地，不敢发出半点声响，生怕稍不留神，便会命丧黄泉。在它最害怕的时候，它甚至莫名其妙地向前移动，靠近了螳螂。它居然如此恐慌，到了自己要去送死的地步。看来螳螂的心理战术是完全成功了。

当那只可怜的蝗虫移动到螳螂刚好可以碰到它的地方的时候，螳螂就毫不客气、一点也不留情地立刻动用自己的武器，用那有力的"掌"重重地击打那个可怜虫，重重地、不留情面地击打对方的颈部，再用那两条锯子用力地把它压紧。于是，那个小俘虏无论怎样顽强抵抗，都没有用了。

> "可怜的""毫不客气""一点也不留情""重重地""不留情面地"等，形象地描绘出蝗虫和螳螂交锋时的情态。

在被猛烈地痛揍之后，再加上先前万分的恐惧，蝗虫的行动能力逐渐下降，动作变得迟缓，也许是因为已经被打蒙了吧。这种办法既有效又非常实用，螳螂就是利用这种办法，屡屡取得战斗的胜利。接下来，这个残暴的魔鬼胜利者便开始咀嚼它的战利品了，它肯定是会感到十分得意的。就这样，像秋风扫落叶一样地对待敌人，是螳螂永不改变的信条。不过，最让人感到奇怪的是，这么一只小个子的昆虫，竟然是一种十分贪吃的动物，能吃掉很多很多的食物。

那些爱掘地的黄蜂，算得上是螳螂的美餐之一了，因此常常受到螳螂的袭击。螳螂经常出没于黄蜂的地穴附近，因此，在黄蜂的窠巢禁区看到螳螂的身影屡屡出现，便不足为奇了。螳螂总是埋伏在蜂巢的周围，等待时机，特别是那种能获得双重报酬的好机会。为什么说是双重报酬呢？原来，有的时候，螳螂等待的不仅仅是黄蜂本身，因为黄蜂的身上常常会携带一些属于它自己的俘虏。这样一来，对于螳螂而言，不就是双份的俘虏，也就是双重报酬了吗？

不过，螳螂并不总是这么走运的，也有不太幸运的时候。有时，它也会什么都等不到，无功而返。主要原因是，黄蜂对螳螂已经开始怀疑，从而有所戒备了，这就会让螳螂失望而归。但是，也有个别掉以轻心者虽已发觉了螳螂但仍不当心，结果被螳螂看准时机，一举抓获。这些命运悲惨的黄蜂为什么会遭到螳螂的毒手呢？因为有一些刚从外面回家的黄蜂，它们有一些粗心大意，对早已埋伏起来的敌人毫无戒备。当发觉大敌当前时，它们会被猛地吓一跳，心里会迟疑一下，飞行速度会忽然减慢下来。但是，就在这千钧一发的时刻，螳螂的行动简直是迅雷不及掩耳。于是，某只黄蜂一瞬间便坠入那个有两排锯齿的捕捉器——螳螂前臂的锯齿之中了。螳螂就是这样出其不备，利用速度制胜的。接下来，那个不幸的牺牲者就会被胜利者一口一口地吃掉，成了螳螂的一顿美餐。

记得有一次，我曾看见这样有趣的一幕。有一只黄蜂，刚刚俘获了一只蜜蜂，并把它带回到自己的储藏室里，享用这只蜜蜂体内的蜜汁。不料，黄蜂正吃得高兴的时候，遭到了一只凶悍的螳螂的突然袭击。它无力还击，便束手就擒了。这只黄蜂正在吃蜜蜂体内储藏的蜜，但是螳螂的双锯在不经意中竟然有力地夹住了它的身子。可是，就是在这种被俘虏的关键时刻，无论多么害怕、恐怖和痛苦，竟然都不能让这只贪吃的小动物停止吸食蜜蜂体内的蜜汁。

螳螂，这样一种凶狠恶毒、犹如魔鬼一般的小动物，它的食物的范围并不仅仅局限于其他种类的昆虫。事实上，螳螂还是一种吃自己同类的动物呢！或许你想不到，因为这实在是让人不可思议。

螳螂真是很可怕的昆虫！

名师赏读

在实验室里，法布尔详尽地观察和研究了螳螂的习性，对螳螂捕杀蝗虫的描写很好地呈现了螳螂的战术和力量。捕猎时，螳螂首先做出迎战的姿态，采用死死盯住猎物的战术，使猎物产生恐惧而不战自败；待时机成熟，螳螂便用有力的大钳子重击对方的颈部，再用锯齿用力压紧猎物，直至猎物死去。胜利后，螳螂得意地享受战利品，以满足自己贪吃的欲望。

螳螂爱吃黄蜂，它们会在黄蜂的地穴附近伏击黄蜂，依靠强有力的武器和迅疾的行动，有时会有"双倍"的收获——黄蜂和黄蜂的俘虏。螳螂不仅吃其他种类的昆虫，还会吃同类，真是可怕。俗话说："知人知面不知心。"这句话用在螳螂身上，一点也不过分。

蜣螂——神圣的甲虫

劳 动

蜣螂第一次被人们谈到，是在六七千年以前。古代埃及的农民在春天灌溉农田的时候，常常看见一种肥肥的黑色昆虫从他们身边经过，这些昆虫忙碌地向后推着一个圆球似的东西。他们当然很惊讶地注意到了这种奇形怪状的滚动着的物体。

从前，埃及人认为这个圆球是地球的模型，蜣螂的动作与天上星球的运转相合。他们以为这种甲虫有很多的天文学知识，因而是很神圣的，所以他们叫它"圣甲虫"。同时他们又认为，甲虫抛在地上滚的球体里面装的是卵子，小甲虫是从那里出来的。但是事实上，这仅是它的食物储藏室而已，里面并没有卵子。

这圆球并不是什么可口的食品。因为圣甲虫的工作是从地面上收集污物，这个球就是它把野外的动物粪便很仔细地搓卷起来而做成的。

蜣螂做成这个球的方法是这样的：在它扁平的头的前边，长着六颗牙齿，它们排列成半圆形，像一种弯的钉耙。圣甲虫用它们抛开它不要的东西，收集起它选好的食物。它的弓形的前臂也是很有用的工具，因为它们非常坚固，而且在外端也长有五个锯齿。所以，如果需要很大的力量去搬动一些障碍物，圣甲虫就会利用它的臂。

它左右转动它有齿的臂，用一种有力的扫除法，扫出一块小小的面积。于是，它在那里堆积起了它所收集来的材料。然后，它将材料放到四只后腿之间去推。这些腿是长而细的，特别是最后一对，形状略弯曲，前端还有尖的爪子。接下来，圣甲虫用这后腿将材料压在身体下，搓动、旋转，使其成为一个圆球形。不一会儿，一粒小丸就增到核桃那么大，不久又大到像苹果一样。我曾见到有些贪吃的家伙，把圆球做到拳头那么大。

圆球做成后，必须搬到适当的地方去。于是圣甲虫就开始行动了。

它用后腿抓紧这个球，轮流向左右推动，再用前腿行走，头向下俯着，臀部举起，向后退着走。谁都以为它要拣一条平坦或不很倾斜的路走，但事实并非如此！它总是走险峻的斜坡，攀登那些简直不可能上去的地方。这固执的家伙，偏要走这条路。这个球非常重，它一步一步艰苦地向上推，万分留心，到了一定的高度，它常常还是退着走的。它只要有一丝不慎重，劳动就全白费了：球滚落下去，连圣甲虫自己也被拖下来了。它再爬上去，结果可能是再掉下来。它这样一回又一回地向上爬，一点小故障就会使其前功尽弃，一根草根就能把它绊倒，一块滑石就会使它失足。有时它经过一二十次的持续努力，才得到最后的成功；有时直到它的努力成为绝望，它才会跑回去另找平坦的路。

合　作

圣甲虫并非总是单独地运送这珍贵的粪球，它们常常会给自己找个同伴，确切地说，是同伴主动加入进来的。一般情况下，一只圣甲虫做好粪球后，旁边那只后来的、刚开始工作的圣甲虫会突然放下手中的活计，跑到滚动的粪球前帮忙，而粪球的拥有者也很乐意接受帮助。于是，它俩一道干起来，竞相出力把粪球运送到安全的地方。在劳动工地上，这是否有心照不宣的协议、平分食物的默契？是否一只在制作粪球时，另一只则挖掘富矿，采选优质材料，把它们添到共同的食物中呢？这种合作从未有人见过，每只圣甲虫只是在开心地忙着自己的事情。所以，后来者是没有分享劳动果实的权利的。

尽管用词很不恰当，我还是把那两只合作的圣甲虫称作同伴。那个后来者是强行加入的，而前者生怕遇到更严重的灾祸，才无可奈何地接受帮助。不过，它们的相处还算和平。作为物主的圣甲虫看到同伴的到来，并未放下自己的工作。新来者满怀热情，立即干起活来。它们一前一后，相互配合。物主占据主导位置，从后面推粪球，后腿朝上，头向下；那个同伴则在前面，头朝上，带锯齿的前腿按在粪球上，长长的后腿着地，倒退着走。粪球在它们中间，经过推拉而向前滚动。

它们的合作并非总是很协调。因为同伴倒着走，而物主的视线又被粪球挡住了，所以事故较多，摔倒在地是常有的事。不过它们能泰然面对，又匆匆爬起来，重新站好位置，不会把位置弄颠倒。即使在平地上，这种运输方式也是费力的，因为它们的配合无法天衣无缝。

其实，如果是后面那只圣甲虫独自搬运，也许会更快更好。所以入伙者在表现好意之后，便不顾有破坏合作协议的危险，决定不再干活，当然，它不会放弃那个珍贵的粪球，也不会让物主抛下它。

于是，它把腿收到腹下，将身子贴在粪球上，与之成为一体。从此，粪球和这只贴在其表面的圣甲虫在合法物主的推动下，一起向前滚动着。不管它在粪球的上下还是左右，它都不在乎。它牢牢地贴在粪球上，一声不吭。这种同伴很少见，它让别人用力推着自己，还要分得一份食物。

假设圣甲虫幸运地找到了一个忠实的合作者，或者更好一些，在路上没有遇到不请自来的同伴，那么一切都会很顺利。洞穴已经挖好，通常是在沙地上，洞不深，有拳头那么大，有一条细道与外界相通，细道正好让粪球进入。食物一旦储藏好，圣甲虫便把自己关在家里，用杂物把洞口封住。门关上后，外界根本看不出下面有个宴会厅。多么高兴啊！宴会厅里美妙无比，餐桌上有丰盛的佳肴，天花板遮挡着烈日，只透进来一丝潮湿温馨的热气，这一切都有助于发挥肠胃功能。

这个宴会厅几乎被那个粪球占满了，丰盛的食物从地板堆到天花板。一条狭小的通道把粪球与洞壁隔开，食者就在通道上用餐，常常是独自一个，肚子朝着餐桌，背部靠着洞壁。它一旦坐好，就不再动了，然后就放开嘴去吃，不会因丝毫的分心少吃一口，也不会因挑剔而浪费一粒粮食。粪球全部被它一丝不苟、有条不紊地吃了下去。看到它如此认真地吃着粪球，人们会以为它意识到自己在完成大地净化的工作，把粪土化为赏心悦目的鲜花，来装点春天的草坪。

但是，这种化粪土为神奇的工作，要在最短的时间里完成。所以圣甲虫天生便具有一种其他昆虫所没有的消化能力。它一旦把食物搬回来，就夜以继日地吃，直到把食物消灭干净为止。不管什么时候，它都坐在餐桌边，身后拖着一条随便盘着的像缆绳似的长带子。它前头不停地吃，后头则不断地排泄。当食物即将吃完时，这条盘起来的带子已经长得惊人。到哪里去找这样的胃呢？

盗 贼

有的时候，圣甲虫好像是一个善于合作的动物，而这种事情是常常发生的。当一个球做成，圣甲虫就会离开它的同类，把收获品向后推动。

一个将要开始工作的邻居，看到这种情况，会忽然抛下自己的工作，跑到这个滚动的球边上来，助球主人一臂之力。它的帮助当然是值得欢迎的，但它并不是真正的伙伴，而是一个强盗。要知道，自己做成圆球是需要苦工和忍耐力的，而偷一个已经做成的，或者到邻居家去吃顿饭，那就容易多了。有的圣甲虫会用很狡猾的手段，有的甚至会用武力呢！

有时候，一个盗贼从上面飞下来，猛地将球的主人击倒。然后它自己蹲在球上，前腿靠近胸口，准备争斗。如果球的主人起来抢球，这个强盗就给它一拳，将球的主人从后面打下去。于是球的主人又爬起来，推摇这个球，球滚动了，强盗也许会因此滚落，那么，接着就是一场角逐。两只圣甲虫互相扯扭着，腿与腿相绞，关节与关节相缠。它们角质的甲壳互相冲撞、摩擦，发出金属互相摩擦般的声音。胜利的圣甲虫爬到球顶上，失败的圣甲虫被驱逐后，只好跑开去，重新做自己的小弹丸。

有几回，我看见第三只圣甲虫出现，像强盗一样抢这个球。

但也有时候，贼竟会牺牲一些时间，利用狡猾的手段来行骗。它假装帮助这个球的主人搬运食物，经过生满百里香的沙地，经过有深车轮印和险峻的地方，但实际上它用的力却很少，它做的大多只是坐在球顶上观光，到了适宜收藏的地点，主人就开始用它边缘锐利的头和有齿的腿向下开掘，把沙土抛向后方，而这贼却抱住那球假装死了。

土穴越掘越深，工作的圣甲虫看不见了。有时它到地面上来看一看，球旁睡着的圣甲虫一动不动，它也会觉得很安心。但是主人离开的

时间久了，那贼就乘这个机会，很快地将球推走。假使主人追上了它——这种偷盗行为被发现了，它就赶快变更位置。看起来好像它是无辜的，因为球沿斜坡滚下去了，它仅是想止住球而已！于是两个"伙伴"又将球搬回到原来的地方，好像什么事情都没有发生一样。

通过描写圣甲虫盗贼盗窃粪球时玩弄的伎俩，刻画了圣甲虫盗贼无赖的形象。

假使那贼安然逃走了，主人失去了辛苦做出来的东西，只能自认倒霉。它揩揩颊部，吸点空气，飞走，另起炉灶。我很羡慕它这种百折不挠的品质。

地 穴

最后，圣甲虫的食品平安地储藏好了。储藏室是在软土或沙土上掘成的土穴，做得如拳头般大小，有短道通往地面，宽度恰好可以容纳圆球。圣甲虫将食物推进去，它就坐在里面，将出口用一些废物塞起来，圆球刚好塞满一屋子，看馔从地面上一直堆到天花板。圣甲虫在食物与墙壁之间留下一条很窄的小道，设筵人就坐在这里，至多两个，但通常只有它自己。圣甲虫昼夜宴饮，一顿饭能吃上十几个钟头。

我已经说过，古代埃及人以为圣甲虫的卵是在我刚才叙述的圆球当中的。这个我已经证明不是如此。关于圣甲虫安置卵的真实情形，有一天碰巧被我发现了。

我认识一个牧羊的年轻人，他在空闲的时候常来帮助我。有一次，在六月的一个星期日，他到我这里来，手里拿着一个奇怪的东西，看起来好像一个小梨，已经失掉新鲜的颜色，因腐朽而变成褐色，但摸上去很坚固，样子很好看，尽管它的原料似乎并没有经过精细的筛选。他告诉我，这里面一定有一个卵，因为有一个同样的好像梨的东西，被他在掘地时偶然弄碎，里面藏有一粒麦子一样大小的白色的卵。

第二天早晨，天色才刚刚亮的时候，我就同这位牧羊青年出去考察这个事实了。

一个圣甲虫的地穴不久就被找到了，或许你也知道，它的土穴上面，总会有一堆新鲜的泥土积在那里。我的同伴用我的小刀铲向地下，拼命地掘，我则伏在地上，因为这样容易看见有什么东西被掘出来。一个洞穴被掘开，在潮湿的泥土里，我发现了一个精致的梨形粪球。

我真是不会忘记，这是我第一次看见一只母圣甲虫的奇异的工作！即使我是考古学家，在挖掘古代埃及遗物的时候发现了这种圣甲虫的绿宝石雕塑，我的兴奋也不见得更大呢！

我们继续搜寻，于是发现了第二个土穴。这次，母圣甲虫在梨形粪球的旁边，而且紧紧抱着这个梨形粪球。这当然是在它离开以前完工毕事的举动，用不着怀疑，这个梨形粪球里就是蜣螂的卵子了。在这个夏季，我至少发现了一百个这样的梨形粪球。

这种像梨一样的球，是用原野上的羊粪做成的，但是原料要更精细些，为的是给幼虫预备好食物。当幼虫从卵里跑出来的时候，还不能自己寻找食物，所以母亲将它包在最适宜的食物里，它出生后就可以立刻大吃，不至于挨饿。

卵是被放在梨形粪球的比较狭窄的一端的。每个有生命的种子，无论植物还是动物，都是需要空气的，就是鸟蛋的壳上也分布着无数个小孔。假如蜣螂的卵是在梨形粪球的大的一头，它就闷死了，因为这里的材料粘得很紧，还包有硬壳。母甲虫预备了一个透气的小空间，内有薄薄的墙壁，给它的小幼虫居住。在小幼虫生命最初的时候，甚至在梨形粪球的中央也有少许空气。当这些已经不够供给柔弱的小幼虫或它要到中央去吃食时，它已经很强壮，能够自己支配一些空气了。

当然，将梨形粪球大的一头包上硬壳子，也是有很好的理由的。蜣螂的地穴是极热的，有时候温度竟达到沸点。这里的食物，经过三四个星期之后就会干燥，不能吃了。如果第一餐不是柔软的食物，而是石子一般硬得可怕的东西，这可怜的幼虫就会因为没有东西吃而饿死。在八月的时候，我就找到了许多这样的牺牲者。要减少这种危险，母圣甲虫就必须拼命用它强健而肥胖的前臂按压那梨形粪球的外层，把它压成有保护作用的硬皮，如同栗子的硬壳，用以抵抗外面的炎热。在酷热的暑天，家庭主妇会把面包摆在紧闭的锅里，保持它的新鲜。而圣甲虫也有自己的方法来实现同样的目的：将粪球外皮压成锅子的样子来保存家族的面包。

我曾经观察过圣甲虫在巢里工作的样子，所以知道它是怎样做梨形粪球的。

它收集完建筑用的材料，就把自己关在地下，专心完成当前的任务。照常例，在天然环境下，圣甲虫用平常的方法搓成一个球，并将其推向适宜的地点。在推行的过程中，球表面会稍稍变硬，并且粘上一些泥土和细沙。有时在离收集材料很近的地方，也可以寻找到用来储藏的场所，在这种情况下，圣甲虫的工作不过是捆扎材料，并将其运进洞而已。有一天，我见它把一块不成形的材料藏到地穴中去了。第二天，我到达它的工作场地时，发现这位艺术家正在工作，那块不成形的材料已成功地变成了一个梨形粪球，它已经完全成形，而且是被很精致地做好了。

梨形粪球紧贴着地板的部分，沾着少许细沙。其余的部分，被磨得像玻璃一样光滑。这表明梨形粪球不是滚成的，而是塑成的。

圣甲虫塑造这个梨形粪球时，会用大足轻轻敲击，如同先前在日光下塑造圆球一样。

我在自己的工作室里，用大口玻璃瓶装满泥土，以便母圣甲虫做成人工地穴，同时，我留下一个小孔以便观察它的动作，这样它工作的各项程序我都可以看得见。

圣甲虫开始是做一个完整的球，然后环绕着球做成一道圆环，加上压力，直至圆环成为一条深沟，形成一个瓶颈似的样子。这样，球的一端就出现了一个凸起。圣甲虫在凸起的中央再加压力，做成一个火山口，即凹穴，穴口的边缘是很厚的，凹穴渐深，边缘也渐薄，最后形成一个袋子。它把袋子的内部磨光，把卵产在当中，再将袋子的口上，即梨的顶端，用一束纤维塞住。

用这样粗糙的塞子封口是有理由的，假如塞子塞得太实，幼虫就会感到痛苦。

孵　化

圣甲虫在梨形粪球里面产卵约一个星期或十天之后，卵就孵化成幼虫了。幼虫毫不迟疑地开始吃四周的墙壁，它聪明异常，因为它总是朝厚的方向去吃，不会把梨形粪球弄出小孔，使自己从空隙里掉出来。不久它就变得很肥胖了，它背上隆起，皮肤透明，假如你拿它朝着光亮看，就能看见它的内部器官。即使古代埃及人有机会看见在这种发育的状态之下的肥白的幼虫，他们也不会猜想到将来的圣甲虫会那样庄严和美观。

第一次蜕皮时，这只小昆虫还未完全长成，虽然长成后的形状已经能辨别出来了。很少有昆虫能比这个小动物更美丽，它的翼盘在前面，像折叠的宽阔领带，前臂位于头部之下。它半透明的黄色如蜜的色彩，看来真如琥珀雕成的一般。它差不多有四个星期都保持这个状态，到后来，它会再脱掉一层皮。

这时候它的颜色是红白色，在变成檀木般的黑色之前，它是要换几回衣服的，颜色渐黑，硬度渐强，直到披上角质的甲胄，才是完全长成的圣甲虫。

这些时候，它是在地底下梨形的巢穴里居住着的。它很渴望冲开有硬壳的巢，跑到日光里来。但它能否成功，是要依靠环境的。

它准备出来的时候，通常是在八月份。八月的天气，照例是一年之中最干燥而且最炎热的。所以，如果没有雨水来湿润、浸软泥土，要想冲开硬壳，打破墙壁，仅凭这只昆虫的力量，是办不到的，它是没有法子打破这坚固的墙壁的。

当然，我也做过这种实验：将干硬壳放在一个盒子里，使其保持干燥，或早或迟，我听见盒子里有一种尖锐的摩擦声，这是囚徒用它们头上和前足的耙在那里刮墙壁的声音，过了两三天，似乎并没有什么进展。于是我给它们中的一对加入一些助力，用小刀戳开一个墙眼，但这两个小动物也并没有比其余的更有进步。

不到两星期，所有的壳都沉寂了。于是我又拿了一些同从前一样硬的壳，用湿布裹起来，放在瓶里，用木塞塞好，等湿气浸透，才将里面的潮布拿开，重新将壳放到瓶子里。这次实验完全成功，壳被湿气浸软后，遂被囚徒冲破。

它们勇敢地用腿支持身体，把背部当作一条杠杆，认准一点顶和撞，最后，墙壁破裂成了碎片。在每次实验中，圣甲虫们都能从中解放出来。

在天然环境下，这些壳在地下的时候，情形也是一样的。当土壤被八月的太阳烤干，硬得像砖头一样，这些昆虫要逃出牢狱就不可能了。但偶尔下过一阵雨，硬壳恢复从前的松软，它们再用腿挣扎，用背推撞，就能得到自由。

刚出来的时候，它们并不关心食物。这时，它们最需要的是享受日光，跑到太阳里，一动不动地取暖。

一会儿，它们就要吃食了。没有人教它们，它们也会像它们的前辈一样，去做一个食物的球，去掘一个储藏室储藏食物。一点不用学习，它们就完全会从事这样的工作。

名师赏读

蜣螂俗称"屎壳郎"，古代埃及人将它们视为神圣的甲虫。蜣螂从地面上收集污物，把路上与野外的粪便搓卷成球作为食物。当一只蜣螂做成粪球，并将粪球往自己的洞中搬运时，它的同伴就会前来"相助"。为了得到现成的粪球，贼蜣螂会明目张胆地抢劫，与粪球的主人发生争斗，或利用狡猾的手段来行骗。如果粪球被贼蜣螂夺走，粪球主人只能自认倒霉，然后重整旗鼓做一个新的粪球。当拳头大小的洞穴被粪球占满时，蜣螂便封住洞口，待在家里将粪球全部吃个干净。蜣螂是名副其实的"大胃王"，拥有强大的消化能力，一边不断地进食，一边不停地排泄，可以"化粪土为神奇"。

即使粪球被盗，蜣螂也不会灰心丧气，它会另起炉灶，勇往直前。挫折并不可怕，真正可怕的是面对挫折时，我们彻底失去信心，开始自暴自弃。人生路上没有失败者，除非你自甘失败。

西绪福斯——一个好父亲

责 任

除非在高等动物中，否则好的父亲是很少见的。在这方面，鸟类是优秀的，而人类最能尽这种义务。

低级动物当中，父亲对家族中的事情是漠不关心的，很少有昆虫是这种定律的例外。

这种无情，在高级动物的世界中是要被厌恶的，而对于昆虫的父亲来说，这是可以被原谅的。因为它们的幼虫不需要长时间的看护，只要有个适当的地点，新生昆虫就可以十分健康地成长，无须帮助即可得到食物。例如粉蝶为了种族的安全，只要把卵产在菜叶上就行了，父亲的责任心又有什么用呢？母亲有利用植物的本能，是不需要帮助的。母亲在产卵的时候，也不需要父亲在一边保护。

许多昆虫都采用一种简单的养育法。即它们先找一个餐室，当作幼虫孵化后的家，或者先找一个地方，使幼虫在出生后自己能觅到适当的食物。在这种情况下，它们是不需要父亲的，所以父亲通常到死都没有给后代的成长提供丝毫的帮助。然而事情也不是常常以这种原始的方式进行，有些种族会为它们的后代预备好将来的食宿。蜜蜂和黄蜂特别善于营造小巢，例如口袋、小瓶等，并在里面装满蜜，它们还十分善于建筑土穴，在其中储藏野味，给幼虫作为食物。

这种伟大的建筑巢穴和收集食物的工作是由母亲独自做的。这工作消磨它的时间，耗去它的生命。父亲则沉醉于日光下，懒惰地站在工作场之外，只是看着它勤劳的伴侣在从事艰苦的工作。

> 勾勒出大多数昆虫父亲的懒惰。

为什么它不帮助一下呢？事实上，它从没有帮助过。为什么它不学学燕子夫妻，它们都会带一些草和一些泥土到巢里，还会带一些小虫给小鸟。而那种事雄性昆虫一点也没做，也许它的借口是自己比较软弱，但这并没有什么说服力，因为在叶子上割下一块，从植物上摘下一些棉花，从泥土中收集一点泥，完全是它的力量所能做到的。它至少可以像工人一样地帮助雌虫，它很适合收集一些材料，再由更具智慧的雌虫建筑起来。它不做的真正原因，只是因为它不愿做而已。

多数从事劳作的昆虫，竟然都不知道做父亲的责任，这是很令男人们感到奇怪的。谁都为了幼虫发展最高才能的需要而努力，但这些父亲仍然愚钝如蝴蝶，对于家族是很少出力的。我们每一次都不知如何回答下面的问题：为什么清道夫甲虫这种昆虫，有这个特别的本能，而别的昆虫就没有呢？

当我们看到清道夫甲虫有这种高贵的品质而收蜜的昆虫却没有时，我们非常惊奇和难以理解：好多种清道夫甲虫善于负起家政的重任，并知道夫妻两人共同工作的价值。它们共同准备幼虫的食物，父亲在帮助它的伴侣制造腊肠般的食物时，会出很多力气。

它们就是形成家族共同劳作习惯的最好的榜样，在普遍的、自私的情形中，是最稀罕的一个例外。

圆　球

经过长期的研究，我可以举出三个例子，它们全都是清道夫甲虫合作的事实。

这三只中的一只是粪球推运工中最小、最勤劳的一个。它在它们当中最活泼、最灵敏，并且毫不介意在危险的道路上倾倒和翻跟斗，在那里它固执地爬起来，但又倒下去。正是因为这种不气馁的精神，人们给它起了一个名字，叫西绪福斯。

我想你们总该知道，一个可怜的人要想变得很著名，一定要经过很多艰苦的奋斗。西绪福斯被迫把一块大石头滚上高山，每次好不容易到山顶了，那石头就又滑落，滚到山脚下。我很喜欢这个神话，这个神话反映了我们当中许多人的生活，就拿我自己来说，我刻苦地爬峻峭的山坡已经五十多年了，我一直把我的精力浪费在为了安全地得到每天的面包的挣扎里。面包一滑落，就会滚下去，落到深渊里，很难拿稳。

我现在所谈及的西绪福斯，就不知道有这种困难，它在陡峭的山坡上毫无挂念地滚着粮食，有时供给它自己，有时供给它的子女。在我们这地方，它是很少见的，如果没有我前几次提起过的助手，我也没有办法得到这么多观察物来研究。

我的儿子小保尔才七岁。他是我猎取昆虫的热心的同伴，而且他比同龄的任何一个小孩都更清楚地知道蝉、蝗虫、蟋蟀的秘密，尤其是清道夫甲虫。他锐利的眼光能辨别出地上隆起的土堆哪一个是甲虫的巢穴，哪一个不是。他灵敏的耳朵可以听到蝗虫细微的歌声，这是我完全办不到的。他帮助我看和听，我则把意见给他用以交换，他是很乐意接受我的意见的。

小保尔有他自己养虫子的笼子，圣甲虫在里面做巢。他自己的花园和手帕差不多大，能在里面种些豆子，但他常常将它们挖起来，看看小根长了一点没有。他的林地上有四株小槲树，只有手掌那么高，一旁还连着槲树子，在供给它养料。这是研究昆虫之余极好的休息，对于昆虫研究的进步是毫无妨碍的。

五月将近的时候，有一天，保尔和我起得很早，因为太早了，出去时连早饭都没有吃，我们在山脚下的草场上，在羊群曾经走过的地方寻找。在这里，我们找着了西绪福斯，保尔非常热心地搜索，不久我们就得到了好几对清道夫甲虫，收获真是不少。

要它们安居下来，所需要的是一个铁丝罩子，沙土床，以及食物的供给——为了这些，我们也变成清道夫了。这种动物是很小的，还不及樱桃核大，形状也很奇怪：一个短而肥的身体，后部是尖的，足很长，伸开来和蜘蛛的足很像；后足更长，呈弯曲状，挖土和搓小球时最有用。

不久，工作的时候到了。父亲和母亲同样热心地从事着搓卷、搬运和储藏食物的工作，都是为了它们的子女。它们利用前足的刀子，随意地从食物上割下小块来。夫妻俩一同工作，一次次地抚拍和挤压，做成了一粒豌豆大的球。

　　和在圣甲虫的工作场里一样，它们把东西做成球体，是用不着机械的力量来滚这球的。材料在被移动之前，甚至在被拾起之前，就已经被做成球体了。现在我们又有了一个几何学家，善于制作保存食物的最好的样式——球体。

分　担

　　球不久就制造成功了。现在需要用力地滚动它，使它具有一层硬壳，保护里面柔软的物质，使它不致变得太干燥。我们可以从大一些的体形上辨别出在前面的是全副武装的母亲。

　　它将长长的后足放在地上，将前足放在球上，将球向自己的身边拉，向后退着走。父亲处在相反的方位，头朝着下面，在后面推，这与两只圣甲虫在一起工作时的方法相同，不过它们的目的是两样的：西绪福斯夫妻是为幼虫搬运食物，而大的滚球者（即圣甲虫）则是为自己在地下大嚼准备食物。

把西绪福斯夫妻的劳动与圣甲虫的劳动相比较，表明二者工作的意义不同，突出前者无私的爱。

　　这一对夫妇在地面上走过，它们没有固定的目标，只是一直走下去，不管横在路中央的障碍物有多少。这样倒退着走，障碍固然是免不了的，但是即使看到了，它们也不会绕过障碍走。它们甚至做过艰难的尝试，想爬过我的铁丝笼子。这是一种费时而且不可能完成的工作，母亲的后足抓住铁丝网将球向它拉过来，然后用前足把球抱在空中。父亲觉得无物可推就抱住了球，伏在上面，把它身体的重量加在球上，不再费什么力气了。这样努力维持下去，未免太难了，于是球和骑在上面的昆虫滚成一团，掉落到地上。母亲从上面惊异地看着下面，不久就下来了，扶好这个球，重新做这个不可能成功的尝试。一再地跌落之后，它才放弃攀爬这个铁丝网。

　　就是在平地运输的时候，也不是完全没有困难的。它们差不多每分钟都会碰到隆起的石头堆，此时货物就会翻倒。正在奋力推的昆虫也翻倒了，仰卧着乱踢足。不过这只是小事情，很小很小的事情。西绪福斯是常常翻倒的，它并不在意。甚至有人以为它是喜欢这样的。然而无论如何，球是变硬了，而且相当坚固。跌倒、颠簸等都是程序单上的一部分。这种疯狂的运输过程往往要持续几个小时。

运输工作完成后，母亲会跑到附近找个适当的地点来储存球。父亲留守，蹲在食物上面。如果它的伴侣离开的时间太久，它就用它高举的后足灵活地搓球，用以解闷。它处置它珍贵的小球时，如同演戏者处置他的球一样。它用变形的腿检验那个球是否完整，那种高举的样子，无论谁看了，都不会怀疑它生活得很满足——父亲为能保障它子女将来幸福而满足。

> 西绪福斯甲虫父亲为能够保障子女生活幸福而感到满足。

它好像是在说："我搓成的这个圆球，是我给我的孩子们做的面包！"

它高高举起那个球，给每个人都看看，这个是它工作的成果。这时候，母亲已经找到了埋藏的地方，开头的一小部分工作也做好了，它挖出了一个浅穴，可以将球推进去了。守卫的父亲一刻也不离开，母亲则用足和头挖土。

不久，地穴已经可以容纳小半个球了。父亲始终坚决地把球靠近自己，它明白在洞穴做成以前，一定要前后左右地把球摇动摇动，以免受到寄生物的侵害。如果把球放在洞穴边上，一直到这个家完成，它害怕会有什么不幸的事发生。因为有很多蚊蝇和别的动物，会出其不意地来攫取，所以它不能不格外当心。

这时圆球已经有一半放在还没有完成的土穴里了。母亲在下面，用足把球抱住往下拉，父亲在上面，轻轻地往下放，而且还要注意落下去的泥土会不会把穴堵住，一切都进行得很顺利。掘凿进行着，夫妻俩继续往下放球，非常小心，一个往下拉，一个控制着落下去的速度，并清除那些阻碍工作的东西。经过进一步的努力，球和夫妻俩都到地下去了。它们以后所要做的事，就是把从前做好的事再做一回，而我们必须再等半天或几个小时。

我们如果耐心等待，就可以见到父亲单独到地面上来了，它蹲在靠近土穴的沙土上。母亲为了尽它的伴侣不能帮助它的责任，常常要到第二天才出现。等到最后母亲也出来了，父亲才离开它打瞌睡的地点，同它一道走。这对重新联合在一起的夫妻，又回到它们从前找到食物的地方，休息一会儿，又收集起材料来。于是它们俩重新开始工作，一起塑模型、运输和储藏球。

我对于这种恒心很是佩服。然而我不敢公然宣布这是甲虫确定的习惯。无疑，有许多甲虫是轻浮的，没有恒心的。但不要紧，我所看见的这点——关于西绪福斯爱护家庭的习惯，已经使我看重它们了。

该是我们查看土穴的时候了。它并不是很深，我看到墙边有一个小空隙，宽度足以让母亲在球旁转动。寝室很小，这告诉我们父亲是不能在那里留很久的。当工作室准备好的时候，它一定要跑出去，好让母亲继续工作。

> 生动地描写出西绪福斯夫妻的工作情况。

地窖中只储藏着一个球，一件艺术的杰作。它和圣甲虫的梨形球相同，不过小得多。因为小，球表面的光泽和圆形的标准更加令人吃惊，最宽的地方，直径也只有十二到十八毫米。

另外，我还有一次对西绪福斯的观察：在我的铁丝笼中有六对西绪福斯父母，它们做了五十七个梨形粪球，每个当中都有一颗卵——平均每一对父母育有九个以上的幼虫，圣甲虫远不及这个数目。什么原因使它们产下这么多的后代呢？我看只有一个理由，就是父亲和母亲共同工作。一个家庭的负担，"一人"的精力不足以应付，"两人"分担起来就不觉得太重了。

名师赏读

多数昆虫都不知道做父亲的责任，但清道夫甲虫是个例外，它们具有爱护家庭的高贵品质，善于负起家政的重任。经过长期观察，法布尔发现了一种被人们称为西绪福斯的清道夫甲虫，并对它们进行了一番深入研究。西绪福斯甲虫夫妻总是一同工作，搓卷、搬运和储藏食物。找到合适的地点后，雌性西绪福斯甲虫挖掘洞穴，雄性西绪福斯甲虫守卫食物，随后，在双方默契的配合下，它们小心翼翼地将食物储藏好。与圣甲虫不同，西绪福斯甲虫搓卷的球体比圣甲虫的要小得多，但显得更精致，而且它们所做的这一切，全是为了幼虫。

法布尔对西绪福斯甲虫夫妻的每一项工作都进行了细致的描写，字里行间不难看出他对西绪福斯甲虫的恒心的钦佩。兢兢业业的劳动无疑是值得的，西绪福斯甲虫产下幼虫的数目远多于圣甲虫。为了后代的幸福生活，西绪福斯甲虫夫妻共同挑起家庭的重担，倾力而为，它们对子女的爱令人感动。西绪福斯甲虫夫妻真不愧是昆虫界夫妻的楷模。

• 配套视频

• 阅读讲解

• 写作方法

• 阅读资料

扫码立领

泥蜂的返程能力

昆虫的眼力和记忆力，显然是大大高于我们人类的。它们的身上有一种对地点的独特直觉，我们姑且称之为"记性"，那是一种我们无法比拟而又无以名状的能力。正是这种能力，令泥蜂准确无误地停落在它那跟滚滚黄沙融为一体的家门前，令砂泥蜂在花丛中徜徉一夜后仍然能找到它昨日心血来潮时建好的竖井。我的眼睛无法分辨，记忆也不能完全清晰地指出洞穴所在，纵使我之前可能已观察了几个小时。那么昆虫究竟是怎样记住的呢？它们对地点的认知，是由于卓越的记忆力，还是通过什么我们不能理解的方式呢？如此种种，令我对昆虫的心理大为好奇，于是我进行了一系列相关实验。

第一个实验。在上午将近十点的时候，我在一个斜坡上找到了一个栎棘节腹泥蜂的蜂群。这种节腹泥蜂以方喙象为食，它们有的正在挖掘洞穴，有的正在储备粮食。我在同一个蜂群里抓了十二只雌性节腹泥蜂，用麦秸蘸着一种不会褪色的颜料，在每只节腹泥蜂的胸部中间点了一个白点，以便将来辨认；然后我把它们每只封闭在一个纸袋里，放在盒子中，走到离蜂窝大约两千米的地方再将它们放出来。这些初获自由的俘虏骤见天日，纷纷四散飞往各处，没有秩序和统一的方向。不过它们只飞了几步就都停了下来，站在草茎上，用前腿揉一揉仿佛被阳光眩晕了的眼睛，努力辨认着方向。

> 以拟人化的手法，生动描绘出泥蜂被带到陌生之地的反应，活灵活现。

不一会儿，它们就先后起身，毫不犹豫地挥动着翅膀向南飞去——那正是它们的家的方向。五个钟头后，我在之前的蜂窝里发现了两只胸前带着白点的节腹泥蜂正在窝里不慌不忙地干着活，不一会儿，第三只从田野里飞来，还抱着一只象虫，看来它在归途中很有收获。不到一刻钟，第四只也很快飞来了。我想我没有必要继续等待了，也许剩下的那八只正在归途中捕猎，也许已经躲到了蜂窝的深处，不管它们现在在哪里，一定也会像眼前这四只一样，回到这里来。运输的过程中，它们被关在纸牢里，根本不可能知道运输的路途和方向。我不知道节腹泥蜂的狩猎范围有多大，是不是它们对方圆两千米内的环境都比较熟悉，所以才能如此驾轻就熟地找到自己的家呢？看来我有必要继续实验下去，把它们送到更远的地方去，而且这个地方是它们绝对不可能知道的。

我从上午的同一窝节腹泥蜂中又取了九只雌性节腹泥蜂，其中有三只接受过上一次的实验。我在这次的节腹泥蜂胸前点了两个白点，和上次胸前只有一个白点的实验品区分开来，然后把它们关在各自的纸袋里，放在一个黑漆漆的盒子中。这一次，我选择了距离蜂窝大约三千米处的城市卡班特拉。节腹泥蜂是典型的"乡下人"，从来没有来过大城市。人口稠密的都市，鳞次栉比的房屋，烟雾缭绕的烟囱，这些对于常年生活在原野中的节腹泥蜂来说该是多么新奇呀！更

> 以三个整齐的短语，清楚细腻地描绘了大城市的模样，侧面表现节腹泥蜂回到蜂窝的艰难。

何况又有三千米的距离，这是多么大的阻碍！因为天色已晚，我推迟了实验，让囚犯们在黑匣子里过了一夜。第二天早上八点左右，我在人口稠密的市中心大路上，把它们一只只释放，然后观察每一只飞走的方向。被释放的节腹泥蜂在获得自由的时候，都挥动翅膀奋力地垂直向上飞，仿佛要从这一排排楼房、一条条街道中摆脱出来。终于飞到了屋顶上，身处高处的节腹泥蜂视野骤然开阔，它们奋力一跃，迅速地向南方飞去，那正是我把它们带过来的方向，也正是它们的窝的方向。我一个个释放了所有的节腹泥蜂，每一次都惊奇地发现，即使对周围的环境完全陌生，甚至是在与平时生活的原野一点相同之处都没有的城市，它们还是可以迅速地判断出正确的飞行方向，毫不犹豫地向家中飞去。

几个小时后，我回到了成为实验品的节腹泥蜂的家。我首先看到了好几只胸前带着一个白点的节腹泥蜂，它们是之前的实验品，但胸前带着两个白点的俘虏我却一个都没有见到。难道说刚才释放的俘虏们迷失在归途中，找不到自己的家了吗？它们会不会被两天来诡异的经历和陌

生的城市吓坏了，正躲在某个巷道里平复紧张的心情，或者醉心于原野中的捕猎呢？我不敢确定。第二天，我又去视察。这一次，我欣喜地发现了五只胸前有两个白点的工人在工地上积极劳作着，仿佛什么事都没有发生过一样。

节腹泥蜂所展现出来的惊人的能力让我想到了鸽子。即使鸽子被人们从鸽棚里取出来，带到很远的地方，它也能够迅速地返回鸽棚。然而节腹泥蜂的体积只有一立方厘米，而鸽子的体积不止一立方分米，足足是节腹泥蜂的一千倍！如果动物的体积和飞行能力成正比的话，鸽子要比节腹泥蜂强多少哇！节腹泥蜂被运到三千米远的地方也能够返回自己的窝，鸽子如果想要公平竞争的话，至少要从三千千米远的地方开始飞，中间的距离是法国由南到北最远距离的三倍呀！我不知道有没有信鸽可以完成这样的壮举。然而，正如翅膀的强有力与否是不能用长度来衡量的，动物的本能的强弱更不能用体积来考虑。我只能说，节腹泥蜂和鸽子都是飞行的高手，当它们被人为地弄得背井离乡时，都能迅速而准确地回到自己的家园，两者显然不分伯仲，各有千秋。

> 用鸽子和节腹泥蜂做对比，突出了节腹泥蜂的非凡能力。

我的实验虽然证明了节腹泥蜂本能的地形感，却并不能解释这种本能。节腹泥蜂在我的实验中，都是被放在黑漆漆的密闭纸盒里，运到一个完全陌生的地方，自始至终它们都不清楚自己身处的地点和方向。对于没有经历过的东西，昆虫是不可能有记忆的。它们肯定不是靠着卓绝的记忆力找到回家的路的。纵使它们向天空奋力展翅，到达一个开阔的高处，记性也不可能成为一个好用的指南针，给它们指明家在哪里。可以说，在这个实验中，记忆力几乎没有起到一点作用。指引节腹泥蜂回到家园的，只能是一种比单纯的记忆还要好用的东西：一种专门的本领，一种独特的地形感。这种与生俱来的能力，在我们人类身上却找不到，所以我们无法确立同样的概念，更不可能感知昆虫的感受。这种敏锐而精确的本领，在昆虫和鸟的身上那样明显和普遍，但对人类来说又是多么难得和可贵。为了进一步研究本能的优势和缺陷，我继续做了几项实验。

　　泥蜂的洞穴搭建在滚滚黄沙中，每当它准备动身外出给幼虫寻找猎物时，它总会一面后退着从洞穴里出来，一面仔细地把沙子扒到洞口堵住入口，直到入口淹没在沙地里，和其他地方的沙子看起来没什么两样，它才放心离去。过了一会儿，它带着猎物回来，很轻松地找到了洞穴的入口，这对它来说根本不是什么难事。我现在需要采取各种恶作剧的手段改变现场，让泥蜂认不出自己的洞穴。要怎样才能瞒住判断力如此敏锐的泥蜂呢？我首先采取的办法是用一块平板石头把洞穴的入口盖住。过一会儿，泥蜂回来了。在它外出期间，家门口已经发生了重大的变化，但是它似乎并没有什么困惑，也没有丝毫的犹豫，立即向石头奔去，开始挖掘。它没有费多大力气在那块石头上，而是在与洞口相应的那个部位挖呀挖。由于障碍物过于坚硬，它很快放弃了。泥蜂围着石头左转转，右转转，似乎转了个念头，钻到了石头底下，开始朝着窝的方向准确地挖了起来。看来这块平板石头根本难不住机灵的泥蜂，我只能换另外一个办法。

　　我用手帕把泥蜂赶到远处，不让它继续挖掘，因为眼看它就要挖到洞穴了。泥蜂似乎受到了惊吓，好长时间没有回来。我在这段时间内，设下了另一个圈套。我发现在不远处的路上有牲口的新鲜粪便，路边还有木块，我把粪便挑了过来，一块块地弄碎，撒在洞口和洞穴的周围，至少有四分之一平方米大小，一法寸①厚。临时做实验就要求实验者善于利用周围一切可以利用的东西。泥蜂肯定从来没有见过这样的家门，粪便的颜色、性质和气味可能会把泥蜂弄得晕头转向，不知所措。泥蜂会不会因此上当呢？在我的期盼中，泥蜂回来了。它站在高处审视了一番自己的家门，门口一片混乱，已经完全不是它走的时候的模样，情况显然出乎它的意料。过了一会儿，它跳到了粪便层的中央，钻进带有粗纤维的粪团中，正对着洞穴的入口挖起来，一直挖到有沙子的地方，在那里它立即找到了洞口。实验又失败了！我抓住泥蜂，再次把它赶到远

―――――――――――

① 法寸：一种计量单位，1法寸为72点，1点＝0.3759毫米。

处。即使窝已经被用全新的方式掩盖起来，它还是无比准确地扑向了洞口，这证明了它至少不是单纯地靠着目光和记忆力的指引找到窝的。

那么，指明灯究竟在哪里呢？是嗅觉吗？刚才的粪便不是已经发出了逼人的气味吗？但昆虫并没有失去那种敏锐的判断力。我决定再用另外一种更强烈的气味来试一试。正好我的昆虫学工具囊中有一小瓶乙醚。我把粪便打扫干净，将一层虽然不厚但面积很大的青苔铺在沙上。远远看见主人回来，我立刻把瓶中的乙醚洒在上面。乙醚的气味太强烈了，泥蜂起初不敢走近，但它只是犹豫了一下，就立刻扑向还在散发着强烈气味的青苔，迅速地穿过障碍物，钻进自己的窝里。不管是乙醚的气味还是粪便的气味，都没能让泥蜂迷失，看来指引它找到窝的，是一种比嗅觉更可靠、更有把握的东西。人们可能会认为，指引昆虫行动的感官存在于触角当中。为了验证这种说法，这一次，我抓住泥蜂，把它捏在手中，连根剪断它的触角。昆虫在我的手中疼得瑟瑟发抖，它惊恐万分，我一松手它就一溜烟地逃走了，好久都没有回来。就在我等得不耐烦，快要放弃的时候，它还是回来了，而且一回来就准确地扑向了自己的窝——已经被我在足够的时间内装饰一新的窝，我用核桃大的卵石整个盖住了泥蜂的窝的位置。对于昆虫而言，这卵石无疑大过了布列塔尼①的拱形建筑物，大过了卡纳克前期遗留下来的巨石林②。但是已经被剪断触角的昆虫并没有因此而掉入我的迷魂阵，它和器官完整的昆虫一样，轻而易举地找到

> 用"迷魂阵"来比喻被布置过的泥蜂的窝，形象地写出了泥蜂找出原窝位置的难度之高。

了入口，仿佛从来没有受到过任何外来的伤害。颜色、气味、材料甚至是肢体伤害，没有一种方法能阻挠泥蜂找到自己的窝，这些方法甚至不能让它对家门的位置产生丝毫怀疑。我很难理解，在视觉和嗅觉都因我的设计而发生偏差的情况下，这种昆虫究竟是凭借着什么我们难以理解的官能，抑或是某种神秘的指引，找到自己的家的呢？

接连几次的失败让我很是颓然。过了几天，我又进行了一次实验，

---

① 布列塔尼：法国西北部的一个大区。

② 巨石林：卡纳克的巨石林有数千根巨大的石柱，是人类石器时代的遗迹。

这次的结果让我走出了迷雾，我开始从一个全新的角度思索这个问题。我们当然了解，雌蜂执意要回到蜂窝就是为了幼虫。要走到幼虫那里，就必须首先找到蜂窝的入口。幼虫和入口是这整个行动的关键。

我觉得，这两个问题可以分开来考虑，要进行观察可能相当麻烦。于是，我用刀刃把沙子一点点刮掉，把泥蜂的窝的天花板整个掀开来，但没有破坏它里面的原貌。所幸这个窝埋得并不深，几乎是水平放置的，泥沙也并不坚硬，我操作起来没有遇到什么困难。这时候，蜂窝的整个屋顶都没了，原本在底下的房屋成为一条露天的、弯弯曲曲的小沟，像一条未完工的渠道。渠道有两分米那么长，位于洞口的一端可以自由进出，另一端则是封闭的小凹洼，食物堆放在那里，幼虫就躺在食物上。虽然我掀掉了天花板，但丝毫没有碰屋子里的东西，一切都还是井然有序，少的只是一个遮挡阳光的屋顶而已。现在这个隐庐暴露在了光天化日之下，沐浴在阳光中。目之所及，屋子里所有的一切都一览无余：前庭、巷道、尽头的卧室，还有堆成一堆的直翅目猎物，幼虫安然地躺在其中。做完这些准备工作之后，我耐心地在原地等待着泥蜂回来。

泥蜂终于回来了，它径直走向已经不存在的、只剩下门槛的门。我看到它长时间地在门外的沙地上挖掘、打扫，把沙子掀得漫天飞舞，仿佛要挖出一条新的巷道似的，不屈不挠地寻找着那扇活动的门。其实泥蜂只要头一拱，门槛就会塌下来，它就能进去。可是这次它遇到的不是活动的材料，而是还没有被翻动过的坚实的土地，坚硬的地面让它警觉起来，于是它回到地表继续探索。接下来的这段时间里，它始终在偏离洞口至多几法寸的范围内，来来回回打扫了不下二十次，它没有走远，执拗地相信它的门一定就在这附近而不是别处。我用草茎轻轻地将它拨到另一个地方，它立即又回到它的门所在的地点。我再把它拨走，它还是一样回来，说什么也不上当。过了许久，它似乎注意到了原来的巷道变成了一条露天的渠道，但只是稍稍注意到而已。它试探着向里面走了几步，不停地扒沙子，有两三次，它几乎走到了那条沟的尽头，到了幼虫居住的小凹洼处，但它显然漫不经心地扒了两下，就急急忙忙地转身，回到入口处继续执拗地寻找着。一个多小时过去了，泥蜂的执着让我都不耐烦了，但泥蜂变得更加固执，在没有任何成果的情况下还毫不动摇地在大门处寻找着。

即使找不到熟悉的大门，泥蜂总该认识自己的幼虫吧？这可是它捕捉猎物的根本目的呀！我对这个问题同样感到好奇。但是眼前这只泥蜂显然已经被突发的、无法解释的状况弄晕了头脑，它被一种想法纠缠着，困惑不解，只能遵循着本能做下去，丝毫没有注意到在小沟的尽头，幼虫在灼热的阳光的炙烤下，在已经咀嚼过的一些食物上面焦躁不安地扭动着。它的表皮是那么娇嫩，它刚刚从温暖潮湿的地下骤然暴露在酷热的阳光下，它可是习惯于生活在黑暗当中的呀！可是母亲却丝毫没有改变自己的行为。它就停在原来的大门所在处，不间断地挖掘打扫，有时候会在周围掘两下土试试看，但很快又回到原地，就是不往巷道里探索，仿佛丝毫不操心自己饱受煎熬的孩子。

> 泥蜂幼虫的煎熬与泥蜂母亲的固执行为形成鲜明对比，突出了泥蜂母亲的异常。

对于母亲来说，这些幼虫就跟散在地上的小石子、土块、干泥巴之类的东西没什么两样，根本不值得注意。母亲的心思全都放在找到它所认识的通道上。它只需要找到作为入口的门，门对它而言比什么都重要，是它已经习以为常的东西。但是，这条路其实是畅通无阻的，没有什么能阻拦母亲。孩子就在母亲的眼前受着煎熬，它才是母亲做这一切的最终目的呀！如果母亲足够理智，那么它应该赶快挖一个新窝，至少也是一个简单的竖井，把婴儿藏在里面使其免受太阳的炙烤，但它却固执地寻找一条早就变了样的通道。

经过了长时间的试探，也许是因为模模糊糊的记忆的指引，也许是因为堆积的猎物散发出了香味，泥蜂慢慢走到了已经成为小沟的过道里。

它一下往前，一下往后，漫不经心地东扫扫西扒扒，终于走到了巷道的尽头，见到了自己的幼虫。让我极度惊讶的事情发生了：泥蜂母亲根本不认得它的孩子！它急急忙忙地走来走去，从幼虫身上踩过，一会儿把幼虫踢到旁边去，一会儿又推搡、撵走它。幼虫受到母亲粗暴的对待，本能地想要自卫，于是它抓住母亲的一条腿，像吃自己的猎物一样咬了上去。

惊慌失措的母亲激烈地挣扎着，终于摆脱了凶狠的大颚，扑扇着翅膀逃走了。我所想象的温馨的相会，殷切的关怀，母子之间浓浓的亲情，完全被眼前这景象击溃了。

在动物所具有的所有情感中，母爱无疑是最强烈也是最能激发才智的。但我看到的泥蜂母亲，不但冥顽不灵，而且对自己的孩子漠不关心，甚至粗暴对待。如果不是我对节腹泥蜂、大头泥蜂以及各种泥蜂都反复做过测试，我真不敢相信自己的眼睛。

特别是孩子咬母亲和企图吃母亲这样的情景，如果没有观察者的插手，是不会产生这种有悖伦常的事情的。母亲在受到攻击后逃出了过道，又回到了它熟悉的家门口，继续进行着劳而无功的挖掘。而幼虫呢，它被母亲强壮的腿甩到了一边，挣扎扭动着，直到死去也不会得到任何救助。母亲已经完全不认得它了。

> 以自问自答的形式解释泥蜂母亲的目的所在，极具吸引力。

泥蜂母亲归根结底要找的到底是什么呢？自然是幼虫。但是要找到幼虫，就要进窝，而要进窝，首先就要找到门。本能行为之间具有联系，即使是面临最重要的情况，依然无法打乱从前的顺序。所以即使洞口已经打开，巷道畅通无阻，幼虫近在眼前甚至正在承受着折磨，母亲也视而不见。对它来说，至关重要的就是找到熟悉的门，否则接下来的一切都没有意义。

本能和智慧的区别，就在于是否能够认识到行为的终极目标和意义。如果由智慧指引，泥蜂母亲会抛开所有不重要的细节，毫不犹豫地扑向自己的孩子，正如我们人类所能做到的一样。但由于它受到的只是本能的指引，所有行为就像是被按照某种固定顺序排列好的一样，如果前一个行为没有完成，后面所有的行为就都不会发生。

名师赏读

　　泥蜂是飞行高手，它们总能凭借自身的独特直觉迅速而准确地回到自己的家园。法布尔分别将一些雌性节腹泥蜂带至距离洞穴大约两千米的原野和大约三千米的城市，它们都成功返回了洞穴。实验证明泥蜂是靠一种比单纯卓绝的记忆力还要神奇的本能——一种独特的地形感——找到回家的路的。为了进一步探索本能的优势和缺陷，法布尔又连续做了几个实验，从颜色、气味、材料等方面改变泥蜂洞穴周围的环境，甚至剪断泥蜂的触角，可是竟没有一种方法能成功阻挠泥蜂找到洞穴。法布尔再次从一个全新的角度做起实验，他把泥蜂的窝的天花板整个掀开，让温湿的窝暴露在阳光下。泥蜂返窝的目标是找幼虫，可它却一直固执地寻找早已不存在的熟悉的大门，还无情地践踏幼虫，而幼虫也会噬咬母亲。由此可见，本能行为之间的联系是以不打乱行为的顺序为前提的，而本能与智慧的区别在于是否能够认识到行为的终极目标和意义。

　　泥蜂无可比拟的返程能力令人惊叹，然而它们的本能行为却无关乎终极目标和意义。为了科学研究，探索昆虫世界的奥秘，法布尔不断刻苦钻研，他锲而不舍的精神值得后人敬重、继承和传扬。法布尔的这些创造性行为，无不彰显出人所独具的智慧。

扫码立领

· 配套视频

· 阅读讲解

· 写作方法

· 阅读资料

天牛和它的幼虫

我年轻时对肯迪拉克非常崇拜。他认为天牛极有天赋，它们仅仅依靠嗅一朵玫瑰花的香味，便能产生各种各样的念头。我曾深信这种形式上的推理达二十年之久。听了这富有哲学思想的神奇说教，我感到十分满足。我也曾天真地以为我只要嗅一下，雕塑就会活过来，甚至产生视觉、记忆、判断能力和其他所有心理活动，就像往平静的湖水中投入一粒石子那样激起无数涟漪。可最终在良师——昆虫的教育下，我放弃了不切实际的幻想。昆虫所提出的问题比起肯迪拉克的说教更加深奥，就像天牛即将告诉我们的那样。

> 以"我"曾经天真到夸张的猜测，引出下文富于科学性的解说。

寒冬来临，天空时常显现灰色，这时候我便开始准备储存冬天取暖用的木材。我日复一日地写作，让这忙碌带来一点点消遣。我再三叮嘱，要伐木工人为我在伐木区内选择年龄最大且全身蛀痕累累的树干。他们认为优质的木材更容易燃烧，因此觉得我的想法非常好笑，可能还在暗地里猜测我为什么会选择蛀痕累累的木材。这些忠厚的伐木工人，最后还是按我的叮嘱为我提供了相应的木材。或许他们不懂，但我这样做当然有我的道理。

现在我就开始观察这些被虫蛀过的木材。漂亮的橡树树干上留下了一条条清晰的蛀痕，有些地方甚至被开膛破肚，带着皮革气味的褐色眼泪在伤口处闪闪发光。树枝被咬，树干被啃噬，在树干的侧面又会发现什么呢？我发现了一群被我视为财富的研究对象。你看干燥的沟痕中，已经有各种各样的昆虫做好了越冬的准备。走廊是扁平的，这是吉丁虫的杰作；壁蜂已经用嚼碎的树叶在长廊中筑好了房间；切叶蜂也在前厅和卧室里用树叶做好了休息用的睡袋；在多汁的树干中则休憩着天牛，它们才是毁坏橡树的幕后真凶。

相对于生理结构合理的昆虫，天牛的幼虫是多么奇特呀！它们就像是蠕动的小肠。每年的这个时节，我都能看见两种不同年龄的天牛幼虫，有一根手指粗的是年长的幼虫，粉笔大小的是年幼的。此外，我还看见颜色深浅不同的天牛蛹和一些天牛成虫，它们的腹部呈鼓胀状，一旦天气转暖，它们就会从树干中出来。天牛在树干中要生活三四年，它们是如何度过这漫长而又孤独的囚徒生活的呢？天牛幼虫在橡树树干内缓慢地爬行，挖掘通道，把挖掘留下的木屑作为食物。天牛黑而短的大颚极其强健，像木匠的半圆凿，虽无锯齿，却像一把边缘锋利的汤匙，天牛用它来挖掘通道。被钻下来的木屑经过幼虫的消化道后被排泄出来，堆积在幼虫身后，形成了一道被啮噬过的痕迹。幼虫吃完筑路工程所挖出来的碎屑后，就有了前进的空间。幼虫边挖路边进食，不断前进，不断消耗碎屑，随着工程的进展，道路就被挖出来了。所有的钻路工都是这样工作的，这样既可以获得食物，同时又可以找到安身之所。

> 形象生动地描绘了天牛的大颚的具体形态。

天牛幼虫将肌肉的力量集中于身体的前半部分，这时候它的头呈杵头状，这样恰恰能使两片半圆凿形的大颚顺利工作。天牛幼虫嘴边有黑色角质盔甲，这可以加固半圆凿状的大颚。此外，它还有像缎面一样光滑细腻、像象牙一样洁白的皮肤。这光滑和洁白来源于幼虫体内丰富的脂肪层。昆虫如此缺乏饮食，却还能有这样的脂肪，简直令人难以相信。是呀！天牛唯一的工作就是不断地啃咬、咀嚼，它只能从不断进入胃里的木屑那里找寻一点可怜的营养。

天牛幼虫的足分为三节，第一节是圆球状，最后一节是细针状，长度只有一毫米。这些都是退化了的器官，对于爬行没有任何帮助。又因为身体过于肥胖，天牛幼虫的足够不到支撑面，不能单独支撑身体。天牛的爬行器官是什么样子的呢？我们先进行一下对比。花金龟幼虫爬行时会用纤毛和背部肌肉仰面爬行。天牛幼虫与花金龟幼虫有些类似，只不过天牛幼虫更为灵活，它既可以腹部朝下爬行，也可以仰面爬行，用爬行器官来代替它胸部软弱无力的足。天牛的爬行器官非常独特，它有违常规，生长在背部。

> 详细描写步泡突的功能和结构，使人一目了然。

天牛幼虫腹部有七个体节，背、腹部各有一个四边形的步泡突，步泡突可以使幼虫随意膨胀、凸出、下陷、摊平。以背部血管为界，背部的四边形步泡突再分为两部分，而腹部的四边形步泡突却看不出是两部分。这就是天牛幼虫的爬行器官，类似棘皮动物的步带。倘若天牛幼虫想要前行，就必须先鼓起后面的步泡突，压缩前面的步泡突，只有这样才能前行。由于通道表面粗糙，后面的步泡突就可以把身体固定在窄小的通道壁上，起支撑作用，前面的步泡突在压缩时要使身体伸长，缩小身体直径，这样天牛幼虫才能向前滑行半步；当身体向前伸长后，它就要把后半部分身体拖上来，这样它就跨出了一步。为了实现这一目的，作为支点的幼虫前部的步泡突就必须要鼓胀起来，同时后部的步泡突放松，使其体节自由收缩。

天牛幼虫在自己挖掘的长廊里进退自如，就像是工件能在模子里进退自如一样，只不过它是借助背、腹部的双重支撑，身体前后部分的交替收缩和放松来办到的。可是倘若背、腹部的步泡突只有一面可以用，那么它就不可能前行了。如果在光滑的桌面上放置一只天牛幼虫，那么它会缓慢弯起身体乱动，伸长或收缩身体，却寸步难行。倘若把天牛幼虫放在有裂痕的橡树树干上，天牛幼虫就可以从左到右，又从右到左，缓慢扭动自己身体的前半部，抬起，放下，而后不断重复这个动作。这是它所能做到的最大幅度的动作。为什么幼虫在光滑的桌面就寸步难行，而在粗糙的橡树树干上却可以做出最大幅度的动作呢？那是因为幼虫被放置的地点不同，橡树树干表皮粗糙，凹凸不平，像被撕裂一般。观察天牛幼虫扭动时，我还发现一个很奇怪的现象：它退化的足始终没有动，看来毫无作用。它为什么会有这样的足呢？如果真是因为在橡树中爬行使它丧失了最初发达的足，那么没有脚岂不更加完美？如果没有作用，还留下这样的残肢岂不可笑？是不是天牛幼虫的身体结构不是受生存环境的影响，而是服从了其他的生存法则？看来还是环境的影响使天牛幼虫生长了步泡突，这简直太神奇了。

天牛幼虫是不是有嗅觉呢？嗅觉一般是寻找食物的辅助功能，可是天牛幼虫以自己的居所为食，以栖身的木头为生，根本不需要寻找食物，因此它也就不太可能具备嗅觉，各种情况也证明了这一点。为此我还做了几个实验。我在一段柏树树干中挖了一条沟痕，沟痕的直径与天牛幼虫经常居住的长廊直径相同，这段柏树树干和大多数针叶植物一样具有强烈的树脂味。而后我把一只天牛幼虫放到气味很浓郁的柏树沟痕里面，它很快爬到了尽头，接着就不动了。对于长期居住在橡树树干里的天牛幼虫来说，这突然而来的刺激气味必定会引起它的不适或是反感吧。可实验证明，它并没有显现出丝毫的不快或反感，倘若真的有，它应该会抖动身体或夺路而逃。然而，它却没有这样的反应，它只是在柏树中找到了适合自己的位置，便不再移动了。这难道就能证明天牛幼虫不具备嗅觉了吗？为保险起见，我又做了更为缜密的实验。我将一枚樟脑球放进离天牛幼虫很近的长廊里，发现仍是没什么效果。我又用萘①替换樟脑球做如上实验，发现仍是徒劳。通过这些毫无效果的实验，我认为，天牛幼虫真真切切地不具备嗅觉功能。

在天牛幼虫身上没有任何的视觉器官，像成虫那般敏锐的眼睛在幼虫身上是没有丝毫雏形的。天牛幼虫在厚实而又黑暗的树干中挖掘通道，要视力有什么用呢？和视力一样，它也不具有听觉。在橡树树干内生活，没有任何动静，听觉也就自然没有意义。没有声音的地方，要听觉还有什么用呢？倘若有对此持怀疑态度的人，我大可用实验来证明给他看。我剖开树干，留下半截通道，就能跟踪这个在橡树里工作的木匠了。天牛幼虫不时地挖掘着前方的长廊，累了就休息片刻，休息时就用步泡突将身体固定在通道内壁上，外界没有一点响动，环境很安静。我就利用它休息的时间来看看它对声音的反应。我先后尝试了硬物碰硬物发出的声音，金属打击留下的回音，锉刀锉锯的声音，但是这一切对它来说都毫无影响。天牛幼虫在这些实验中，既没有身

> 介绍实验用到的各种声音，增加了实验的可信度。

---

① 萘：一种有机化合物。

体的抖动，也没有警觉的反应，甚至我用硬物刮擦它身旁的树干，模仿其他幼虫啃咬树干的声音，它也没有丝毫的反应。看来天牛幼虫对声音真的是无动于衷。对于人为制造的声音，天牛幼虫就像是毫无生命的东西一样，它是听不到什么的。

天牛幼虫具有味觉是无可争议的。那它有着怎样的味觉呢？天牛幼虫在橡树内生活了三年，它没有其他的食物，唯有橡树而已。那么天牛幼虫是如何用味觉器官来评判这唯一的食物的滋味的呢？新鲜而又好吃多汁的橡树树干应该是它的最爱，不过大部分时候，树干都是干燥而没有任何味道的。虽觉得无味，但是也没有办法，可能这就是它对自己食物的评价吧！天牛幼虫还是有触觉的，尽管它的触觉分布得相当分散，而且是被动的。任何有生命的肉体都有触觉，如果被针刺就会痛苦扭曲。总之，天牛幼虫的感觉能力就只包括味觉和触觉，并且十分迟钝。这让我想起肯迪拉克，哲学家心目中理想的生物只有嗅觉这一种感觉能力，而且和正常人一样灵敏。可是现实中的生物，就好比橡树的破坏者天牛幼虫那样，却有两种感觉能力，即便两者相加，与肯迪拉克所认为的能分辨玫瑰花的嗅觉比起来，也要逊色多了。看来现实与幻想还真是有天壤之别。

天牛幼虫虽说拥有强大的消化功能，但感觉能力却很弱，像这样的昆虫，它的心理又是个什么状态呢？我脑海里时常出现怪诞的想法，比如，若用狗的大脑来思考几分钟，用蝇的复眼来观察一下人类，那么，事物的外表不知道会有多么巨大的改变呢！如果再用昆虫的智慧来诠释世界，那么变化肯定更大。当感觉器官的触觉和味觉已经退化，它还能带来什么呢？很少，也许什么都不能带来。天牛幼虫的最高智慧，就是它知道好的木块是什么味道，而未经认真打磨的通道内壁会刺痛皮肤。相比之下，肯迪拉克认为拥有良好嗅觉的天牛，是一颗闪闪夺目的宝石，是科学界的一大奇迹，是创作者精巧的杰作；它可以追忆往事，比较分析，甚至判断推理。可现实社会中，这个处于半睡眠状态下的大肚子昆虫，它会回忆吗？会比较吗？会推理吗？我给天牛幼虫做了一个诠释，把它定义为"可以爬行的小肠"。这个非常贴切的比喻也为我提供了结论：天牛幼虫所具有的感觉能力，只不过是一截小肠所拥有的全部罢了。

虽说天牛幼虫感觉能力一般，但是它却拥有神秘莫测的预知能力。尽管现在它对自己的情况一无所知，但是它能很清楚地预知未来。对于这个奇怪的观点，我想我得解释一下，以使大家明白。天牛幼虫在橡树树干里的流浪生活持续了大约三年之久。在这三年里，它爬上爬下，一会儿到这里，一会儿又到那里。可它始终不离开树干深处，因为这里温度适宜，环境安全，尽管有时候它会为了一处美味而放弃正在啃噬的木块。当危险来临时，这个隐居者被迫离开自己的隐居之所，挺身而出，勇敢地面对外界的危险。有时候光吃还不够，天牛幼虫还必须迁移至他处。天牛幼虫想换一个环境优良点的地方并不难，因为它有良好的挖掘工具和强壮的身体。但是成年的天牛，当它来到外界时，在它有限的生命里会有这样的能力吗？

> 生动地叙述了天牛幼虫在危险来临时的勇敢表现。

诞生在树干内部的长角昆虫，会为自己开辟一条逃生的道路吗？我想，依靠自己的直觉，它会解决这个困难的。虽说我有清晰的理性，可这也比不过预知未来的能力。因此，我只好求助于一些实验来证明它。从实验中我发现，天牛成虫利用幼虫所挖掘出的通道从树干逃跑根本是不可能的。三年来，幼虫始终在树干中挖掘，它是根据自己身体的直径进行工作的：最初进入时幼虫像麦秆大小，到现在，它已经长成手指般粗细了。因此幼虫进入的通道和行走的道路，已经不能作为成虫离开的出路了。况且幼虫的通道还像一个比较复杂且堆放了无数坚硬障碍物的迷宫。成虫伸长的触角、修长的足，还有无法折叠

> 把天牛幼虫的通道比作"迷宫"，形象生动，通俗易懂。

的甲壳，在曲折狭窄的通道里会成为无法克服的阻碍。对于天牛成虫来说，它必须先清理过道里的障碍物，还需要大大加宽通道。这样的话，开辟一条笔直的新出路要简单得多。可是，它具备这样的能力吗？我们拭目以待吧！

我在一段劈成两半的橡树树干中，挖凿了一些适合天牛成虫居住的洞穴。我在每一个洞穴之中，都放入一只天牛成虫。这些天牛是去年十

月我储备过冬木材时发现的——那时它们还是蛹，现在派上了用场。我把装有成虫的两半树干用铁丝合围起来。六月一到，我听到了从树干中传来的敲打声。天牛成虫会逃出来，还是无路可逃？我想它们逃出来肯定不会太辛苦，只需要钻出一个两厘米长的通道就可以了。当树干不再响动的时候，没有一只天牛成虫跑出来，我将树干剖开，发现里面的俘虏全部毙命了。洞穴里只发现一小撮木屑，看来这便是它们的全部劳动成果。

以"我"的猜测巧设悬念，让人忍不住想要一探究竟，自然地引出下文。

天牛成虫虽然有强劲的大颚，但看来还是被我给高估了。我们都知道，好的工具并不能造就好的工人，虽然它们拥有如此优良的工具，但是这些隐居者缺乏一定的工作技巧，因此，全部毙命于我的洞穴之中。于是我又为另外一些天牛成虫选择了比较和缓的实验场所。我找了些芦竹茎，内部用一块天然隔膜作为障碍物，隔膜有三四毫米厚，并不坚硬。我把一些天牛成虫放入这些直径与天牛天然通道直径差不多大的芦竹茎中，最后的实验结果是，有一些天牛从芦竹茎内跑出来了，另外一些不够勇敢的天牛则被隔膜堵住，没有跑出来，死在了芦竹茎内。倘若要求它们必须钻通橡树树干，那又将是怎样一幅景象啊！

根据实验结果，作者想象另一种景象，给读者留下极大的想象空间，极富感染力。

我深信即使天牛成虫体魄再强健，只依靠它自己的能力，无论如何也不能逃出来。开辟解放之路，还得靠小肠似的天牛幼虫的智慧。天牛的解放之路很像卵蜂虻的壮举。卵蜂虻的蛹身上有钻头，是为了以后长有翅膀却不能钻出通道的成虫准备的。不知被一种什么样的神秘预感推动，天牛幼虫离开了自己的家园，离开了无法被攻破的城堡。它们爬向树表，尽管外面危机四伏，它们的天敌啄木鸟正在寻找着好吃多汁的昆虫。它们很勇敢，冒着生命危险，执着地挖掘通道，直到橡树表层只留下一层薄薄的阻隔作为窗帘掩护自己。这窗帘就是天牛成虫的出口，它只需要用大颚或足轻轻挑破这层窗帘，就可以逃生了。有些幼虫则似乎有些冒失，它们甚至捅破窗帘，直接就留一个窗口。如果窗口是畅通的，成虫无须再多做无用功，就可以从已经打开的窗口逃走，这也是常有的事情。因此，身披古怪饰物、笨手笨脚的天牛成虫，等到天气转暖，就会远离黑暗的监狱，重获光明和自由。

为自己的将来做好打算之后，天牛幼虫就开始着手眼前的工作。挖好窗户后，它退回到长廊中不太深的地方，并在出口处的一侧凿了一间蛹室。天牛幼虫从房间壁上锉下一条条的木屑，这便是细条纹纤维质木屑做的呢绒，之后它将这些呢绒贴回到四周的墙壁上，铺成一层约一毫米厚的挂毯。天牛幼虫把房间四壁都装饰上了这种呢绒挂毯。这就是这只质朴的幼虫为自己的蛹所精心准备的杰作。我还从来没见过陈列如此豪华、壁垒如此森严的房间。蛹室是宽敞的窝，它呈扁椭圆形，长达八十到一百毫米，截面的两条中轴长度各不相同，横向轴长为二十五到三十毫米，纵向轴长只有十五毫米。这个尺寸比成虫的尺寸还大，因此，适宜成虫在里面自由活动。天牛幼虫为了防御外界敌害，还专门为房间加上了封板，这封板就是所谓的壁垒。它一般有两到三层，外边一层由木屑构成，是天牛幼虫挖出来的残屑，里边一层是一个矿物质的白色封盖，呈新月形，最内侧还有一层木屑位于封盖的凹处，与前两层连在一起，可这也不是绝对的。有了这么多层壁垒的保护，天牛幼虫就可以安安稳稳地待在房间里化蛹了。当打破壁垒的时刻来临时，这样的房间也不会给天牛成虫造成任何行动上的不便。

那层堵住入口的矿物质封盖，也许是壁垒当中布置得最奇特的部分。这个白石灰色封盖呈椭圆形帽状，内部光滑，外面呈颗粒状凸起，好似橡栗的外壳，其成分主要是坚硬的含钙物质。这层封盖是天牛幼虫用稀糊一口口筑成的，其外部的凸起结构就是证明。<u>由于天牛幼虫触碰不到封盖外部，无法进行户外作业，修饰也就无从谈起，因此封盖外部凝固成凸起的颗粒。封盖内侧幼虫触手可及，所以内壁被锉得平整、光滑。</u>天牛幼虫制成的这

> 将封盖外部的粗糙与内部的平整光滑做对比，突出了封盖内外部的特点。

个奇特的封盖，它到底有什么性质呢？它像钙那样坚硬且易碎，不用加热就可以溶解于硝酸，并释放气体。一小块封盖在硝酸中往往需要数小

时才能溶化，其过程是相当漫长的。溶解之后，剩下的是一些看上去像有机物的黄色絮状沉淀。倘若加热，封盖就会变黑，这说明其中含有可以凝结成矿物的有机物。在溶液中加入草酸后，溶液会由清澈变浑浊，并留下白色沉淀物。从这些现象当中，我们大概可以知道封盖中含有碳酸钙。我还试图从中找出一些尿酸氨的成分，但是徒劳无功，尽管这种成分在昆虫化蛹过程中很是常见。因而，我可以断定，封盖仅仅由碳酸钙和有机物组成，这种有机物很可能是蛋白质，是它使得钙体变硬。

假使条件再好一些，我很可能早已经找到天牛幼虫分泌石灰质物质的器官了。天牛幼虫的胃是个能进行乳化作用的生理器官，对于它能够提供钙质，我深信不疑。胃能从食物中直接得到钙，或是经过分离得到，或是通过与草酸的化学反应获取。在幼虫期即将结束时，幼虫将所有异物从钙中剔除，并把钙保存下来，留待设置壁垒时使用。我对这个石料加工厂并不感到惊讶，工厂经过转变后，开始进行各种不同的化学工程。某些昆虫，比如芫菁科昆虫西芫菁就是通过体内的化学反应产生尿酸氨的，飞蝗泥蜂、长腹蜂、土蜂则在体内产生生漆以供生产蛹室所用。今后我的研究还将去寻找不同器官生产的各种不同的产品。

修好通道，用绒毯将房间装饰完毕，再用壁垒封起来后，灵巧的天牛幼虫便完成了蛹期前的一切准备。于是此时，它便放弃手中的工具，进入了蛹期。身处襁褓期的蛹非常虚弱，它躺在柔软的睡垫上，头始终朝着门的方向。从表面上看来，这些细节都无关紧要，可实际上却是极为重要的。由于天牛幼虫身体柔软，可以在房间里来回随意地翻转，因而幼虫头朝哪个方向都无关紧要。一旦天牛成虫从蛹中羽化出来，它浑身就穿上了坚硬的角质盔甲，因而失去了自由翻转的能力。天牛成虫无法将身体从一个方向挪到另一个方向，甚至还会因为房间狭窄而无法自由屈伸，为了避免自己被囚禁于自己所建造的房间里，它必须将头朝向出口处。倘若幼虫忽略了这个细节，将头朝向房间底部，那么，结果必将是死路一条，它生命的摇篮就会成为它无法逃脱的牢笼。

可我们无须为此担忧，这截充满智慧的"小肠"，还是会为自己的将来打算的，它不会忽略这个细节而头朝里进入蛹期。暮春时节，体力恢复的天牛开始向往光明，于是它欣欣然地出发了。挡在它前面的是什么呢？无论什么都无法阻挡它要出去的心情。一些木屑，两三下就可清除；接下来就是一层石灰质的封盖，它无须打破，只要用坚硬的大颚一顶或是用足一推，这层封盖便会整块松动，从框框中脱落——我发现被废置的封盖往往都是完好无损的；然后，天牛开始清除第二层由木屑构成的壁垒，它与第一层一样，清除起来都非常容易。到现在为止，通道已经畅通了，天牛成虫只要沿着通道准确无误地往外爬即可。如果窗帘一开始是拉上的，没关系，只要它咬开这层薄薄的窗帘就可以出去晒太阳了。天牛一出来就激动不已，长长的触角不住地颤抖。

　　天牛对我们有怎样的启示呢？通过实验来看，天牛成虫对我们没什么启发，但是它的幼虫却对我们有着非常重要的启示。这个小家伙虽说感觉能力差，但是它的预见能力确实很奇特，发人深省。它知道自己未来无法穿透橡树、从中逃走，就冒着生命危险，亲自动手挖掘好逃生通道。它知道自己以后会身披坚硬的盔甲，无法自由翻转身体，怕到时候找不到房间出口，就心甘情愿地把头朝向出口而卧。它知道蛹的肌体纤弱，就用纤维质木屑的绒毯布置房间。它知道在漫长的蛹期随时会有敌害来侵略，为了修建壁垒，便在自己的胃里储存石灰浆。它能够预知未来，更准确地说，它是按照自己的预见来完成这些工作的。它这些行为的动机从何而来呢？我想当然不是靠感觉。它对于外界知之甚少，也就只有一段小肠所能知道的那么多而已，可它利用这贫乏的知觉所做的事却令人拍案叫绝。那些所谓的头脑灵活的人，只想象出一种能够嗅出玫瑰花香味的动物，却没有想象出一个具备某种本能的形象。对此，我十分遗憾。我多么希望他们也能很快认识到：所有动物，当然也包括人类，不仅仅有感觉能力，还拥有某些潜在的生理机能，某些先天具备的、并不是后天学习的启示。

> 连续四个"它知道"构成排比，透彻地说明了天牛幼虫奇特的预见能力。

名师赏读

　　本节，法布尔先是详尽介绍了天牛幼虫的外形特征、生活习性和爬行方式。天牛幼虫长期生活在树干中，它们用大颚啃咬树干，以木屑为食。依靠独特的爬行器官——步泡突，天牛幼虫可以仰面爬行，也可以腹部朝下爬行。接着，法布尔用实验证明了天牛幼虫不具备嗅觉、视觉和听觉能力，它们只有十分迟钝的味觉和触觉能力。因此，法布尔将它们定义为"可以爬行的小肠"。不过，天牛幼虫身上有一种超凡的能力——预知未来。

　　天牛幼虫知道自己在未来无法穿透橡树，因此它们会冒着生命危险，亲手挖掘逃生通道，制作豪华的蛹室，用多层壁垒和坚硬的封盖作为保护，并心甘情愿地把头朝向出口而卧。天牛幼虫的预见能力令人拍案叫绝，这给予了我们深刻的启示：包括人类在内的所有动物，都拥有某些先天就具备的生理机能。

凶残的步甲

凶　残

打斗拼杀这种事，即使是精悍强壮的人也很难说一定能胜。可你看看昆虫中狂热的好斗者大头黑步甲，拼杀搏斗对它们来说就是天生的狂热嗜好！

虽说在搏斗中，这荒唐愚钝的刽子手并没有展示出什么精巧的技艺，但从外表上看，黑步甲倒是相貌堂堂。它的身体闪着黄铜色、金色和佛罗伦萨铜色的光辉，着黑色外衣，衬以闪着紫晶光泽的绲边。利落的鞘翅装备成护胸甲，再配上一双有凸纹或凹斑的金属链条般细长的触角，身材苗条，腰部紧束，容貌俊美，雍容华贵，在昆虫世界里算得上一表人才。

> 生动形象地描摹出黑步甲俊美的外形。

我用一个铺着一层新鲜沙土的笼子饲养着几只步甲，用散布在沙土表面的几块陶瓷碎块充当散落的岩石，一窝栽在中间的细草形成了一丛草地，使步甲的生活环境惬意。笼子里住着粗俗的园丁金步甲，它是荒石园的老住户；还有强蛮的革黑步甲，它常在墙脚下野草茂密的矮树丛中搜索、游弋；还有稀有的紫红步甲，它用泛着金属光泽的紫罗兰色把自己乌黑的鞘翅装饰起来。我用蜗牛喂养这些客人，还特意将其中几只蜗牛的甲壳剥去，但其实这毫无必要。

这些步甲乱糟糟地蜷缩在陶瓷碎片下面，一见我放入蜗牛，便一齐飞奔出来。可怜的蜗牛先是伸出触角，然后急忙缩进壳里。三五只步甲一拥而上，很快把蜗牛外壳上鼓凸下垂的肉撕个精光，这是它们最喜爱的美味。接着，它们开始使用自己的大颚——这把坚固有力的钳子，和着涎沫从蜗牛壳中把一片片碎肉拉来扯去。只要撕扯下一些肉，有的步甲便会退到一旁，从容不迫地把肉吞下肚子。

我看到在大吃大嚼之中，一只步甲的足部沾满了汁液，又沾上了满腿的沙粒，好像穿上了沉重的护腿套。这只步甲对此毫不在意，它又踉踉跄跄地回到猎物那里，去撕扯另一片肉。也有的步甲干脆不挪动位置，守着猎物，就地没命地咬嚼起来，身体前部完全被涎沫浸湿。

这场狂吃持续了几个小时。直到一个个肚子鼓胀，托抬起自己的鞘翅，使自己的尾部裸露无余时，步甲们才心满意足地陆续离开猎物。

革黑步甲更喜欢阴暗隐蔽的角落，这段时间它们远离其他步甲，结伙把一只蜗牛拖进陶瓷块下面自己的巢穴，然后安心地肢解这只软体动物。

它们很喜欢吃蛞蝓，那动物比有甲壳抵挡的蜗牛更容易肢解。另外，它们也喜欢小壳螺可口的肉。

我让一只金步甲饿了几天肚子，使它的食欲旺盛起来，然后给它放进一只活蹦乱跳的松树鳃角金龟。和金步甲相比，松树鳃角金龟简直是头巨兽，就像狼面前的一头牛。这只食肉虫子不怀好意地在那温和的鳃角金龟周围转来转去，伺机而动。它向前冲去，但又迟疑不决地后退几步，接着又卷土重来。终于，瞅准机会，金步甲冲上去突然一击，庞大的鳃角金龟被打翻在地。金步甲肆无忌惮，拼命啃咬那庞然大物的身体，搜索它的肚腹。金步甲把自己的半个身子扑到肥胖的鳃角金龟身上，大吃起来。那场面真是残酷。

我又让这个开膛剖腹者去参加更加困难的猎物争夺赛。这一次，对手是只葡萄根蛀犀金龟，一种像犀牛一样强壮结实的虫子，在坚硬盔甲的掩护下，很少有昆虫能打败它。然而，金步甲我们这个昆虫格斗士却对这身披盔甲、头上长角的强悍的大虫子唯一的薄弱处了如指掌。金步甲不断地冲上去，退下来，又冲上去。在多次攻击被击退以后，它仍然毫不气馁，终于找到机会，撬开了对手的一点点护胸甲，立刻把自己的头钻到那下边。一旦金步甲钳子般锋利的大颚在对手柔软的胸腹皮肤上划开一个切口，这强壮的犀金龟就完蛋了。不多会儿，这刚才还活蹦乱跳着的庞大的家伙就只剩下一副可怜兮兮的空壳了。

告密广宥步甲同大孔雀蛾幼虫的搏斗很值得一看。这种步甲在食肉

类昆虫中，长得最魁梧。这位步甲王子是斩杀幼虫的刽子手。这场搏斗惊险刺激：被捅破肚子的大孔雀蛾幼虫不住地扭动着身体，将盘踞在自己身上的匪徒托起，掀翻。但无论它的身体如何翻转，向上还是向下扭动，都无法使匪徒松手。匪徒踢腿跺脚，在幼虫可怕的伤口处大口吮吸。

第二天，我给这个吃得饱饱的家伙一些绿色蝈蝈儿和白额螽斯。这两种虫子都有强劲有力的大颚，都是不好惹的对手。告密广宥步甲比其他步甲更了解身穿护胸甲、有鞘翅掩护的虫子的弱点。它只要看到猎物，行动就会立刻开始，这个家伙贪得无厌，欲壑难填。

行动过程始终伴随着强烈的刺激性气味。有的步甲会制作具有腐蚀性的液汁；革黑步甲会向抓捕它的人喷射一种酸性喷液；告密广宥步甲会排出一种有怪味的药液，使自己的足部臭不可闻；还有一些步甲擅长使用爆炸物，像用火枪射击一样，燃烧来犯者的胡须，具有打仗的天赋。这些步甲是腐蚀剂的制作者、使用怪味喷射液的枪手、掷炸药的投弹手，一个个凶狠残暴。

> 说明了步甲虫的特点，生动形象。

装　死

可这些好战的愚蠢家伙有一种本领吸引了我。

你刚刚无意中看见一只步甲，它正心满意足地享受着太阳赏赐的幸福，在小树枝上一动不动。你把手抬起，张开，准备去抓住它。你刚刚摆开架势，它就突然坠落到地上。它也许是来不及把翅膀从护鞘里抽出来，也许是肢体不全，失去了翅膀，不能马上逃走，于是掉落下来。你在草丛中寻找它，往往白费力气；它早已逃之夭夭；有时，也许你找到了它，却会发现它仰卧在地，爪子蜷缩，一动不动。

据说，步甲会装死。为了摆脱困境，它施诡计，耍花招，想要蒙混过关。这真是特别的本领。

七月的一天，在拂晓的清凉和宁静中，我在海滩上采集植物标本。我第一次采集到高山钟花，这种花开在浪花拍击的岸边，拖着碧绿发亮的细叶和玫瑰红的钟形花冠，非常稀罕。扁平蜗牛，一种奇怪的蜗牛，把身体缩进它那流线型而且扁平的白色外壳里，成群结队地在禾本科植物上小睡，干燥的流沙上呈现出一条条长长的细痕。在孩提时代，这些足迹令我激动、兴奋和愉快。而眼下的这些痕迹意味着什么呢？

我搜索这些痕迹，就像猎人跟踪新的猎物一样。在这些痕迹消失的地方，我向下挖掘，在地下不深的地方搜寻到一种漂亮的步甲——大头黑步甲。正是它在夜间寻找猎物时留下了这些足迹，天亮以前，它才回到窝里。

我让这只步甲在沙上行走，它丝毫不差地再现了引起我注意的那些足迹。

它展示出的一个习性使我非常感兴趣。这只步甲一受到骚扰就仰卧在地，长时间纹丝不动。其他昆虫以前还从未表现出这样的顽固劲。步甲这样长时间地一动不动，给我留下了深刻的印象。

猎　人

沿海地区的黑步甲是粗暴的猎人。它身体漆黑发亮，像只黑玉首饰，腰部束得极紧，使它的身子看上去几乎被一分为二。它的进攻武器是一双异常有力的大颚，这样的装备，在昆虫中极少有谁能与之匹敌。

强暴凶狠的黑步甲，对自己的力量心中有数，充满自信。如果我把它放在桌子上，骚扰它，它会立刻显出一副决斗的防御架势：它把身体弯成弓形，紧缩身架，几乎把身体折为两截；它将前足举起，露出像耙子那样的细齿；它将身体的前半部分高傲地抬起，将长得像心脏的宽阔的胸廓展露出来；脑袋硕大无比，那可怕的大颚大大地张开，令人望而生畏。它摆出搏斗的架势，甚至敢于向碰触它的手指冲过来。

我把大部分新得到的黑步甲安顿在钟形金属网罩下，将少数放在短颈广口瓶里，两处都在底部铺上沙土。那些虫子立刻分别为自己挖起洞来。它们用劲弯下脑袋，用聚拢成铁镐般的大颚拼命刨土挖洞。它们张开前爪，爪上有钩，把挖起的土聚拢起来，向后推到外面，在又小又脏的家门口堆起一座小丘。

小洞迅速加深，通过一道缓坡到达底部。黑步甲在停止向纵深方向的挖掘后，转而向水平方向挖起来，一直到离此处一尺远的地方为止。

在广口瓶中，黑步甲挖掘的地道基本都贴着玻璃瓶壁。如果我想观察它在地下的活动情况，只需稍稍抬起我小心地用来罩住广口瓶的罩子就行。罩子不透光，可以让虫子避开讨厌的光线，安下心来。

黑步甲在认为自己的巢穴深度足够了以后，便会回到洞的入口处。黑步甲对这个地方的加工十分仔细，它把这个入口修成一个漏斗的形状，使巢穴成为一个四壁为斜坡的深坑，口大底小。这里修造得平整结实，没有一星半点塌落的泥屑。在漏斗的下面是平坦宽敞的地道前厅，格斗士黑步甲平时就隐蔽在那里，一动不动，大足半开，等待时机。

有什么东西发出了轻微的声响？是我刚刚放进去的一只蝉。这可是一道奢侈的大餐，半睡半醒的设陷阱捕猎者黑步甲立刻醒来。因为垂涎欲滴，它的触角微微颤抖着。它小心翼翼，一步一步爬上斜面上部。它朝洞外窥探一下，看见了那只蝉。黑步甲从井坑里腾跃而起，冲出井口，向蝉扑去，抓住它向后拖。由于洞口布好了陷阱，双方的搏斗十分短暂。这个陷阱像漏斗那样张着口，非常方便收纳大个头的猎物。它下部缩小，变窄，形成一道悬崖绝壁，任何抵抗在这上面都会适得其反。漏斗的斜坡是致命的，外来者一旦误入就会迅速滑落。蝉的脑袋朝下，整个身子陷进深坑。劫持者在坑下一阵阵拖拽，把它拖进扁圆形的地道。地道很窄，蝉的翅膀完全停止了扑动。在地道尽头的肢解厅，黑步甲用大颚折磨拖进来的蝉，直到蝉完全无法动弹，黑步甲才又回到上面。

占有了可口的猎物，黑步甲要不受干扰地享用它，所以，它需要将大门紧闭，以防不速之客闯入。这时，它用挖洞时堆积的小土丘，把地道口封堵起来，然后回到下面，入席就餐，狼吞虎咽。只有当享用完猎物并且充分消化、饥饿再度来临时，黑步甲才会重新去修补入口，重设陷阱。

我看到的黑步甲是一种强悍胆大的虫子，无论它的敌手是身材魁梧，还是野蛮凶猛，都吓不住它。刚才我就看见，黑步甲从地下爬上地面，向路过者冲去，还隔着相当远的距离，它就伸出爪子抓住对手，强拉硬拽，把对手拖进屠宰场。花金龟、鳃角金龟是它很平常的猎物，它敢于用自己的獠牙咬住胖大的松树鳃角金龟，真是胆大包天的家伙。

黑步甲留在沙上的长长的足迹告诉我们：为了寻找足够大的猎物，它常在夜间巡猎。捕猎的对象常常是皮麦里虫，有时是半边带斑点的金龟子。对于新捕到的猎物，黑步甲并不当场吃掉，而是用钳子般的大颚咬住，强拽猛拖进自己阴暗而宁静的地下庄园，然后从容不迫地享用。它的洞口修得宽大而内壁光滑，像火山口一样，不论猎物多么粗壮，黑步甲从下面都会很容易地将其拖拽下去。一旦猎物滑进洞口，洞口小丘的泥土就会压在它身上，使其动弹不得。黑步甲会很快地把门关好，然后放心地躲在家里将猎物吃掉。

名师赏读

法布尔用笼子饲养了几种步甲，它们争相撕扯、吞食蜗牛，场面血腥而混乱。法布尔重点叙述了金步甲捕食松树鳃角金龟和葡萄根蛀犀金龟，告密广宵步甲捕杀大孔雀蛾幼虫、绿色蝈蝈儿和白额螽斯的场景。

法布尔将一些黑步甲安顿在铺上沙土的广口瓶里，对它们进行了一番观察。黑步甲一到广口瓶里就立刻开始挖洞，并将洞口修成漏斗状，设下陷阱，等待猎物上门。一只蝉成了实验的牺牲品。法布尔详尽地说明了黑步甲捕杀蝉以及进食的整个过程，语言生动形象，画面感强，充分展现了黑步甲的猎手本色。昆虫世界里处处充满惊险，生死无常亦平常，凶残好斗的步甲在其中扮演着"刽子手"的角色。

土蜂——蜂族中的巨人

力 量

如果说在动物界，动物是靠力量来统治臣民的，膜翅目昆虫里首屈一指的当数土蜂。从体形来看，有的土蜂可以和戴菊莺相比。那些最大最健壮的带刺蜂，像木蜂、熊蜂、黄边胡蜂，到了某些土蜂面前也要逊色不少。在这个巨人一族里，我们地区有花园土蜂，它身长四厘米有余，翅膀张开后的宽度达十厘米；还有痔土蜂，它的身材和花园土蜂差不多，小腹末端有竖立的红棕色毛刷，特别引人注目。雌花园土蜂黑色的身体上长着大块的黄斑，硬邦邦的翅膀像琥珀色的洋葱片，并反射着紫光；它粗壮的腿节上长满一排排粗糙的短毛；它有硕大的骨架、结实的头，外面套着一层坚硬的头壳；行动笨拙，反应迟钝，飞起来得费上一番力气，无声无息，飞不出多远。雄性花园土蜂则显得更高贵，穿着更加精致，一举一动也更为优雅，但同伴的主要特征——强壮，在它身上并没有失去。

昆虫收藏者第一次看到花园土蜂时，恐怕没有谁不会心怀畏惧。

土蜂的螫针的威力和其身体大小成正比，被土蜂蜇过的伤口非常可怕。黄边胡蜂一旦拔剑出鞘，就会让人疼痛难忍。人要是被这个大家伙刺到了会怎样？在撒网捉蜂的那一刻，你的脑子里会浮现拳头大小的瘤，还有烙铁烙过似的灼痛。于是你便打起退堂鼓，转而庆幸自己没有被这个危险的家伙注意到。

对此，我想告诉新入门的膜翅目昆虫捕捉者，其实，土蜂的性情是很温和的，它们的螫针与其说是用来刺人的，不如说是劳动工具，只用来麻痹猎物，只有在万不得已时才用以自卫。此外，它们行动迟钝，你几乎永远都避得开螫针，而且即便被蜇到，刺伤的疼痛也几乎算不得什么。一般来说，捕食性膜翅目昆虫的毒液不够辛辣，它们的武器是用来做精细外科手术的柳叶刀。

居　所

土蜂不像其他捕食性膜翅目昆虫那样挖洞筑巢。它们没有固定的居所，也没有通往外界并与幼虫的小屋相连的自由通道。土蜂要想钻进土里，从任何地点都可以，即使是未被翻动的地方，只要土不太硬就行。其实它们挖掘的工具也足够坚硬，要从土里出来，它们也没必要选择特定的地点。土蜂不横向钻土，而是向下掘土，它用脚和大颚辛勤地劳动，掘开的沙砾就堆积在原地和身后，马上就堵住了先前挖出的通道。当它要从土里钻出来时，土就会攒成一堆，看上去就像有只小鼹鼠在地底下拱地表。土蜂出来后，隆起的土堆就会坍塌，堵住出口。

如果土蜂想回家，它就随便找一个地方挖掘，很快就挖出一个洞，土蜂也随即消失，挖开的那些泥土会将它埋在地底下。

我从地面上土的厚度就能轻易地分辨出它的临时居所，那是一个空心圆柱，弯曲绵延，在一块坚实的土里由一些松动的土筑成。圆柱数目众多，有时能深至半米，它们四通八达，还常常相互交叉，但是没有哪个圆柱拥有来去自如的通道。显然，这不是通往外界的永久性道路，而是土蜂永不回头的一次性跑道，土蜂在地上钻出这么多堆满流沙的羊肠小道，是为了寻找什么？也许是在找它一家的食物吧，我在这样的通道里找到过一张无名幼虫的枯皮。

土蜂是一群地下劳动者。以前抓到土蜂，看到它腿上沾着小土块时，我就怀疑过这一点。土蜂很爱清洁，它最大的乐趣就是对身子洗洗刷刷，它的身子沾上污点，只能说明它是个热情的搬土工。我以前还不是很明白土蜂的习性，现在我清楚了，它们生活在地下，掘土是为了寻找金龟子的幼虫。接受了雄蜂的拥吻后，雌蜂们很少再继续缠绵下去，而是一心一意专注于母亲的职责。地下是土蜂停留和运动的场所，依靠有力的大颚、坚硬的头颅和强健带刺的腿，它们在疏松的土里随心所欲地开辟道路。将近八月末，大部分雌蜂都深藏于地

> 用简洁的语言描绘土蜂在地下的挖掘工作。

下，开始忙于产卵和储藏食物。一切好像在告诉我，想等待几只雌蜂出来是徒劳的，必须埋头四处挖掘。

我辛辛苦苦的挖掘却未换来应有的回报。尽管发现了几只茧，但差不多个个都和我已有的那只一样裂了开来，而且，侧壁上都同样沾着一张金龟子幼虫干枯的表皮。只有两只茧完好无损，里面包着死去的膜翅目昆虫，它们的确就是双带土蜂。我还挖到过沙地土蜂的茧，残留的食物同样还是一只金龟子幼虫的表皮，但与双带土蜂的食物并不相同。

我挖挖这里，挖挖那里，搬开了好几立方米的土，却从未看到过新鲜的食物、卵或者小幼虫。产卵期是最佳的寻找时节，但是开始时为数众多的雄蜂现在已经日益稀少，最终会完全消失。

双带土蜂主要是以金绿花金龟、傲星花金龟和多彩花金龟的幼虫作为儿时的食物。我相信，土蜂卵对这三种花金龟的幼虫是不加区分地利用的。也许，它甚至还会进攻同这三种花金龟一样是腐烂植物宿主的小虫子。因此，我把花金龟这一类小虫看作双带土蜂的猎物。

在阿维尼翁附近，沙地土蜂的猎物是绒毛鳃角金龟幼虫，而在临近塞里昂的地方，在只长有纤细的禾本科植物的沙地里，我看到鳃角金龟取代绒毛鳃角金龟，成了土蜂的食物。蛀犀金龟、金绿花金龟和鳃角金龟的幼虫，是我所知道的土蜂的三类猎食对象。

土蜂卵寄生在金绿花金龟幼虫身上，没有特别的窝，也没有任何筑巢的痕迹。土蜂不会为它的家人准备居室，它后代的家是随便建造的。但其他的狩猎蜂都要准备一个居室来储存食粮，有时甚至要储存从远处搬运过来的食粮。土蜂挖掘腐殖土层时，一旦遇上一只金绿花金龟幼虫，就将它刺得不能动弹，并立即在麻木的虫子的腹部产卵。

土蜂卵从形态上看，是白色笔直的圆柱体，大约有四毫米长，一毫米宽，前端固定在猎物腹部的中线位置，这个位置离腿较远，靠近腹中食物透过皮肤而形成的褐斑。

从大小来看，土蜂幼虫和我刚才说过的卵大小差不多。然而，它的食物——金绿花金龟幼虫，却平均长三十毫米，宽九毫米，体积是刚刚孵化出来的土蜂幼虫的六七百倍。猎物的臀部和大颚还在动，的确会令

小虫子感到恐怖，但母亲的螫针已经消除了危险，弱小的虫就像吮吸乳汁一样，毫不犹豫地开始噬咬庞然大物的肚子。

一天天地，小土蜂幼虫的头在金绿花金龟幼虫的肚子里越钻越深。小土蜂幼虫身体的前端变得越来越细长，看上去就像一根丝一样。它身体的后半部始终保持在猎物的体外，和普通膜翅目掘地虫的形状、大小都差不多。但它的前半部一旦进入猎物体内，就突然变得像蛇一样细长，并且一直在那里待到吐丝织茧的那一刻。幼虫的身体前端仿佛是以猎物皮肤里狭窄的洞为模具塑造而成的，此后也一直保持着这样纤细的体形。

土蜂幼虫进食总是从母亲在猎物腹部选好的那一点开始，因为要钻的那个洞正开在卵附着的那一点上。随着食客的脖子越伸越长，猎物的内脏也循序渐进地被吃掉，首先是最不重要的部位，然后是吃掉以后还能使猎物保持一丝生机的部位，最后才是那些失去了就会带来无可挽回的死亡的器官，之后猎物的尸体很快地腐烂了。土蜂这种聪明的进食法的主要特点是从次要器官吃到主要器官，直到最后它仍然能吃到未变质的食物。很明显，如果土蜂幼虫一开始就进攻猎物的神经，那么，二十四小时后猎物就会因血脓而丧命，它面对的就是一具真正的尸体。土蜂幼虫和其他以庞然大物为食的侵犯者一样，具备一种特殊的饮食技艺，而如果猎物体形微小，当然就用不着如此谨慎了。

名师赏读

土蜂体形巨大，但它们性情温和，动作迟缓，毒液也不够辛辣。土蜂没有固定的寓所，它们依靠有力的大颚、坚硬的头颅和强健带刺的腿，可以随便找个地方向下掘土，很轻松地挖出一个个洞，充当临时居住地。爱清洁的土蜂辛勤地掘土挖洞，是为了寻找金龟子的幼虫，蛀犀金龟、金绿花金龟和鳃角金龟这三类金龟子的幼虫是土蜂的猎食对象。

正要产卵的土蜂掘土时若遇上金龟子的幼虫，便会将幼虫刺得动弹不得，并立即在麻木的虫子的腹部产卵。土蜂的卵是白色的圆柱体，它的前端固定在金龟子幼虫腹部的中线位置。由土蜂卵孵化的幼虫，一出世就开始噬咬金龟子幼虫。土蜂幼虫具备一种特殊的饮食技艺：它将身体的前半部分钻进金龟子幼虫的肚子里，依次吸食金龟子幼虫的次要器官、主要器官。由此可见，雌性土蜂的产卵方式是极为明智的，既确保了土蜂幼虫的安全，又为它提供了充足的食物，实现了资源的高效利用。这便是蜂族中土蜂这种庞然大物的生存之道。

扫码立领

· 配套视频

· 阅读讲解

· 写作方法

· 阅读资料

采棉蜂与采脂蜂

采棉蜂

我们知道，有许多蜜蜂像樵叶蜂一样自己不会筑巢，只会以别的动物遗留或抛弃的巢作为自己的栖身之所。有的蜜蜂会借居泥匠蜂的故居，有的会借居于蚯蚓的地道中或蜗牛的空壳里，有的会占据矿蜂曾经盘踞过的树枝，还有的会搬进掘地蜂曾经居住过的沙坑。蜜蜂中有一种采棉蜂，它的居住方式尤其奇特：它在芦枝上做一个棉袋，这个棉袋便成了它的绝佳的睡袋。还有一种采脂蜂，它在蜗牛的空壳里塞上树胶和树脂，经过一番装修，就可以当房间用了。

> 用排比句式写出蜜蜂的借居方式多种多样。

泥匠蜂很匆忙地用泥土筑成"水泥巢"就算大功告成了，木匠蜂在枯木上钻了一个九英寸①深的孔也开始心满意足地过日子了。它们的家很粗糙，因为它们还是以采蜜产卵为第一重要的大事，没有时间去精心装修它们的居室，屋子只要能够遮风挡雨就行了。而另几类蜜蜂可算得上是装饰艺术大师，像樵叶蜂在蚯蚓的地道中做一串盖着叶片的小巢，像采棉蜂在芦枝中做一个小小的精致的棉袋，使原来的地道和芦枝别有一番风情，令人不由得拍案叫绝。

看到那一个个洁白细致的小棉袋，我们可以知道，采棉蜂是不适宜做掘土的工作的，它们只能做这种装修工作。棉袋被做得很长也很白，尤其是在没有灌入蜜糖的时候，看起来像一件轻盈精致的艺术品。我想没有一个鸟巢可以像采棉蜂做的棉袋那样精巧。

> 以"轻盈精致的艺术品"比喻棉袋，说明采棉蜂制作的棉袋十分精巧。

---

① 英寸：英美制中的长度单位。1英寸＝（1/12）英尺＝2.54厘米。

我们很难看清楚采棉蜂在芦枝内工作的情形，它们通常在毛蕊花、蓟花、鸢尾草上采棉花，那些棉花早已没有水分了，所以将来不会出现难看的水痕。

采棉蜂是这样工作的：它先停在植物的干枝上，用嘴巴撕去其外表的皮，采到足够的棉花后，用后足把棉花压到胸部，压成一个小球，等到小球有一粒豌豆那么大的时候，它再把小球放到嘴里，衔着它飞走。我们如果有耐心等待的话，将会看到它一次次地回到同一棵植物上采棉花，直到它的棉袋做完。

采棉蜂会把采到的棉花分成不同的等级，以适应袋中各个部分不同的需要。在这一点上它们很像鸟类。鸟类为使自己的巢结实一些，会用硬硬的树枝卷成架子；又为了要使巢温暖舒适些，而且宜于孵育小鸟，会用不同的羽毛填满巢的底部。采棉蜂也是这样做它的巢的，它用最细的棉絮衬在巢的内部，入口处用坚硬的树枝或叶片作为"门"和"窗"。

我看不到采棉蜂在芦枝上做巢的情形，但我却看到了它怎样做"塞子"，这个"塞子"其实就是它的巢的"屋顶"。它用后足把棉花撕开并铺开，同时用嘴巴把棉花内的硬块撕松，然后一层一层地叠起来，并用它的额头把它压结实。这是一种粗活，推想起来，它做别的部分的精细工作时，大概也是用这种办法。

有几只采棉蜂在做好屋顶后，怕不牢靠，还要把树枝间的空隙填起来。它们利用了所有能够得到的材料：小粒的沙土、一撮泥、几片木屑、一小块水泥，或是各种植物的断枝碎屑。

采棉蜂藏在它巢内的蜂蜜是一种淡黄色的胶状颗粒，所以它们不会从棉袋里渗出来，它的卵就产在这蜜上。不久，幼虫孵出来了。它们刚睁开眼睛，就发现食物早已准备好了，就把头钻进蜜里，大口大口地吃着，吃得很香，也渐渐变得很肥。现在我们已经可以不去照看幼虫了，因为我们知道，不久幼虫就会织起茧子，然后变成像它们母亲那样的采棉蜂。

采脂蜂

还有一种蜜蜂，它们也是利用人家现成的房子，将其稍稍改造变为自己的居住之处，那就是采脂蜂。在矿石附近的石堆上，常常可以看到坐着吃各种硬壳果的蜗牛，以及一些蜗牛的空壳。在这中间我们很可能找到几只塞着树脂的空壳，那就是采脂蜂的巢了。竹蜂也利用蜗牛壳做巢，不过它们是用泥土做填充物的。

关于采脂蜂巢内的情形我们很难知道，因为它的巢总是做在蜗牛壳的螺旋的末端，离壳口有很长的距离，从外面根本看不到里面的构造。我拿起一只壳照了照，它看上去挺透明的，也就是说这是只空壳，以后很可能被某个采脂蜂看中，在此安家落户，于是我把它放回原处，让它作为将来的采脂蜂的巢。我又换了一只照照，结果发现第二只是不透明的，看来这里面一定有些东西。是什么呢？是下雨时冲进去的泥土，还是死了的蜗牛？

我不能确定。于是我在壳的末端弄了一个小洞，我看见了一层发亮的树脂，上面还嵌着沙粒，一切都真相大白了：我得到的正是采脂蜂的巢。

采脂蜂往往在蜗牛壳中选择大小适宜的一节做它的巢。在大的壳中，它的巢就在壳的末端。在小的壳中，它的巢就筑在靠近壳口的地方。它常常将细沙嵌在树胶上做成有图案的薄膜。起初我也不知道这就是树胶。这是一种黄色半透明的东西，很脆，燃烧的时候有烟，并且有一股强烈的树脂气味。

> 说明树胶的色彩、质地、燃烧状况等，使内容真实可信。

在用树脂和沙粒做成的盖子下，还有第二道防线，是用沙粒、细枝等做的壁垒，这些东西把壳的空隙都填得严严实实的。采棉蜂也有类似的防御工程。不过，采脂蜂的这种工程只有在大的壳中才有，因为大的壳中空隙较多。

在采脂蜂所选定的一节壳的末尾，共有两间小屋：前屋较大，有一只雄蜂；后室较小，有一只雌蜂——采脂蜂的雄蜂比雌蜂要大。有一件事，科学家们至今仍无法解释，那就是雌蜂怎能预先知道它所产的卵是雌的还是雄的呢？也就是它们怎么保证产在前屋的卵将来是只雄蜂，而产在后屋的卵一定会变成雌蜂呢？

有时候，采脂蜂筑巢时，一个小小的疏忽就会造成一个大悲剧。让我们来看看这只倒霉的采脂蜂吧！它选择了一只大的壳，把巢筑在壳的末端，但是从入口处到巢的一段空间，它忘记用废料来填充了。有一种竹蜂也是把巢筑在蜗牛壳里，它不知道这壳的底部已有了主人，一看到这个壳里还有一段空隙，就把巢筑在这段空间里，并且用厚厚的泥土层把入口处封好。七月来了，悲剧就开始了。壳末端采脂蜂巢里的蜂已经长大，它们咬破了胶膜，冲破了防线，想解放自己。可是，它们的通路早已被一个陌生的家庭堵住了。它们试图通知那些邻居，让它们暂时让一让，可是无论它们怎么闹，外屋的邻居始终没有动静。是不是它们故意装作听不见呢？不是的，竹蜂的幼虫此时还正在孕育中，至少要到来年春天才能长成呢！难怪它们一直<u>无动于衷</u>。

> "无动于衷"写出正在孕育中的竹蜂后代们对外界的喧闹没有任何反应的沉寂状态。

采脂蜂无法冲破泥土的防线，一切都完了。它们只能让自己活活地饿死在洞里。这只能怪那粗心的母亲，如果它早能料到这一点，那么这悲剧也就不会发生了。如果那粗心的母亲得知是自己害死了孩子们，不知道该有多恨自己！

不幸的遭遇并不能使采脂蜂的后代学乖。

事实上，常常有采脂蜂犯这样的错误，这与科学家所说的"动物不断地从自己的错误和经验中学习和改进"的理论不符合。不过也难怪，你想，那些被关在壳里的小蜂永远地埋在了里面，没有一个能生还，这件事也随着小蜂们的死去而永远地埋在了泥土里，成了无人能知的千古奇冤，更不用说让采脂蜂的后代吸取教训了。

名师赏读

采棉蜂会在芦枝上做一个长而白的棉袋作为巢穴，棉袋显得洁净而精巧。采棉蜂在毛蕊花、蓟花等植物上采干燥的棉花来制作棉袋。

法布尔观察到了采棉蜂做"屋顶"的情形，发现它们还会用沙土、碎屑等材料将枝叶间的空隙填起来，确保巢足够牢靠。采棉蜂将它们的淡黄色的胶状颗粒蜂蜜藏在巢内，在蜜上产卵，幼虫就以母亲储藏的蜜为食。

采脂蜂则是利用蜗牛壳当巢。如果入住大壳，采脂蜂会用沙粒、细枝把壳的空隙填严实。如果采脂蜂在大壳的末端筑巢而忘记用废料填充剩余空间的话，一旦有竹蜂在外侧筑巢，采脂蜂的子女就会因无法出壳而被活活饿死。这样的悲剧在不断发生。

采棉蜂、采脂蜂等蜜蜂似乎也懂得"拿来主义"，拥有"装修"的技艺，而采蜜和产卵依然是它们的头等大事。它们不会总结自己所犯的错误，只得一次又一次付出惨痛的代价。

斑纹蜂——勤劳和不幸

勤 劳

斑纹蜂是一种腹部有斑纹的蜂。雌蜂的斑纹是很夺目的，细长的腹部被黑色和褐色的条纹环绕着。至于它的身材，大约和黄蜂一样。

> 从斑纹、身材说明斑纹蜂的外形特征。

它们的巢往往建在结实的泥土里面，因为那里没有崩溃的危险。比如，我们家院子里那条平坦的小道就是它们最理想的屋基。每到春天，它们就成群结队地来到这个地方安营扎寨，每群数量不一，最多的有上百只。这地方简直成了它们的大都市。

每只斑纹蜂都有自己单独的一个房间。这个房间除了它自己，谁也不可以进去。如果有哪只不识趣的斑纹蜂想闯进别人的房间，那么主人就会毫不客气地给它一剑。因此，大家都各自守着自己的家，谁也不冒犯谁，这个小小的社会充满了和平的气氛。

一到四月，它们的工作就不知不觉地开始了。唯一可以显而易见地证明它们在工作的，是那一堆堆新鲜的小土山。至于那些劳动者，我们外人是很少有机会看到的。它们通常是在坑的底下忙碌着，有时在这边，有时在那边。我们在外面可以看到，那小土堆渐渐地有了动静，先是顶部开始动，接着有东西从顶上沿着斜坡滚下来，一个劳动者捧着满怀的废物，将其从土堆顶端的开口处抛到外面来，而它们自己却用不着出来。

五月到了，太阳和鲜花带来了欢乐。四月的矿工们，这时已经演变成勤劳的采蜜者了。我们常常看到它们满身披着黄色的花粉停在土堆上，而那些土堆现在已变得像一只倒扣着的碗了，那碗底上的洞就是它们的入口。

它们的地下建筑离地面最近的部分是一根几乎垂直的轴，大约有一支铅笔那么粗，在地面下有六寸到十二寸深，这个部分就算是走廊了。

走廊的下面，就是一个个小小的巢。每个小巢大概有两厘米长，呈椭圆形。

每一个小巢内部都修得很光滑，很精致。我们可以看出一个个淡淡的六角形的印子，这就是它们做最后一次工程时留下的痕迹。它们用什么工具来完成这么精细的工作呢？是它们的舌头。

我曾经试图往巢里面灌水，看看会有什么后果，可是水一点也流不到巢里去。这是因为斑纹蜂在巢上涂了一层唾液，这层唾液像油纸一样包住了巢，这样，在下雨的日子里，巢里的小蜜蜂就不会被弄湿了。

斑纹蜂一般在三四月里筑巢。那时候天气不大好，地面上也缺少花草。它们在地下工作，用它们的嘴和四肢代替铁锹和耙子。当它们把一堆堆的泥粒带到地面上后，巢就渐渐地做成了。最后，它们用它们的铲子——舌头，涂上一层唾液。当快乐的五月到来时，地下的工作已经完毕，那和煦的阳光和灿烂的鲜花也已经开始向它们招手了。

> 表明斑纹蜂准备到田野里去亲近阳光和鲜花，开始甜蜜的采摘生活了。

田野里到处可以看到蒲公英、雏菊等，花丛里尽是些忙忙碌碌的蜜蜂。它们带上花蜜和花粉后，就兴高采烈地回去了。它们一回到自己的城市里，就会立即改变飞行方式，它们会在很低的地方盘旋着，好像对这么多外表相似的地穴产生了疑惑，不知道哪个才是自己真正的家。

但是没过一会儿，它们就各自认清了自己的记号，并很快准确无误地钻了进去。

斑纹蜂也像其他蜜蜂一样，每次采蜜回来，先把尾部塞入小巢，刷下花粉，然后一转身，把头部钻入小巢，把花蜜洒在花粉上，这样就把劳动成果储藏起来了。虽然每一次采的花蜜和花粉都很少，但经过多次的采运，积少成多，小巢内已经变得很满了。接着，斑纹蜂就开始动手制造一个个"小面包"——"小面包"是我给那些精巧的食物起的名字。

斑纹蜂开始为它未来的子女们预备食品了，它把花粉和花蜜搓成一粒粒豌豆大小的"小面包"，这种"小面包"和我们吃的小面包大不一样：它的外面是甜甜的蜜，里面充满了干的花粉，这些花粉不甜，没有味道。这外面的花蜜是小斑纹蜂早期的食物，里面的花粉则是小斑纹蜂后期的食物。

斑纹蜂做完了食物，就开始产卵。它不像别的蜜蜂产了卵后就把小巢封起来，它还要继续去采蜜，并且看护它的小宝宝。

小斑纹蜂在母亲的精心养护和照看之下渐渐长大了。当它们作茧化蛹的时候，斑纹蜂就用泥把所有的小巢都封好。在它完成这项工作以后，也到了该休息的时候了。

不　幸

如果没有什么意外发生的话，在短短的两个月之后，小斑纹蜂就能像它们的妈妈一样去花丛中玩耍了。可是斑纹蜂的家并不像想象中那样安逸，在它们周围埋伏着许多凶恶的强盗。其中有一种蚊子，虽然小得微不足道，却是斑纹蜂的劲敌。

这种蚊子长什么样呢？它的身体有六七毫米长；眼睛是红黑色的；脸是白色的；胸甲是黑银灰色的，上面有五排微小的黑点，长着许多刺毛；腹部是灰色的；腿是黑色的：它就像一个又凶恶又奸诈的杀手。

> 生动刻画出这种蚊子的外形特征，突出了它"又凶恶又奸诈"的形象。

等到斑纹蜂携带着许多花粉过来时，蚊子就紧紧地跟在它后面打转、飞舞。忽然，斑纹蜂俯身一冲，冲进自己的屋子，蚊子也立刻跟着在洞口停下，头向着洞口，就这样等了几秒钟，纹丝不动。不久，斑纹蜂就飞走了。之后，蚊子便开始行动了，它飞快地进入巢中，像回到自己的家里那样不客气。现在它可以在这储藏着许多粮食的小巢里胡作非为了，因为这些巢都还没有封好。它从从容容地选好一个巢，把自己的卵产在那个巢里。在主人回来之前，它是安全的，谁也不会来打扰它；而在主人回来之时，它早已完成任务，拍拍屁股逃之夭夭了。它会在附近找一处藏身之所，等候着第二次犯罪的机会。

几个星期后，让我们再来看看斑纹蜂藏在巢里的花粉团吧，我们会发现这些花粉团已被吃得狼藉一片。在藏着花粉的小巢里，我们会看到几只尖嘴的小虫在蠕动着——它们就是蚊子的小宝宝。在它们中间，我们有时候也会发现几只斑纹蜂的幼虫——它们本该是这房子的真正的主人，却已经饿得很瘦很瘦了。那帮贪吃的入侵者剥夺了原属于斑纹蜂的幼虫的一切。这些可怜的小东西渐渐地衰弱，渐渐地萎缩，最后竟完全消失了。

小斑纹蜂的母亲虽然常常来探望自己的孩子，可是它似乎并没有意识到巢里已经发生了翻天覆地的变化。它从不会把这陌生的幼虫杀掉，也不会毫不犹豫地把它们抛出门外，它只知道巢里躺着它亲爱的小宝贝。

它认真小心地把巢封好，好像自己的孩子正在里面睡觉一样。其实，那时巢里已经什么都没有了，连那蚊子的宝宝也早已趁机飞走了。

多么可怜的母亲哪！

名师赏读

斑纹蜂的小巢附近生活着很多强盗，其中，凶恶奸诈的蚊子便是一个劲敌。趁斑纹蜂外出采蜜，蚊子们飞入斑纹蜂的小巢，将自己的卵产在巢里。一段时间过后，蚊子的幼虫孵化了，它们吃掉原本属于小斑纹蜂的食物，使得小斑纹蜂活活饿死。斑纹蜂母亲对巢里的巨变自始至终毫无察觉，它整日奔忙，不过是在给别人做嫁衣。斑纹蜂的劳动精神实在值得肯定，但是作为小斑纹蜂的母亲，我们不免对它们的愚笨和不幸遭遇感到一丝同情。

粪金龟和公共卫生

很多昆虫一辈子似乎一直在完成一个任务，这个任务一旦完成，它们也就随之死亡了。就像步甲，很多人都认为它厚厚的胸甲可以所向披靡，殊不知，它一生的任务就是把自己的后代安顿在碎石下面，在做这些事情的时候它似乎还生气勃勃，可一旦安顿好了后代，它就立刻颓然倒地，再也没有力气了；还有蜜蜂，在人们眼中它是一个辛勤的小家伙，嗡嗡地飞来飞去，采蜜是它一辈子的工作，其实它的目标只有一个，就是把蜜罐装满，一旦蜜罐满了，它就好像立刻失去了生存的意义，一命呜呼了；蝶蛾也不例外，这些小家伙是为后代而活的，等到把自己一团团的卵固定好以后，就立刻死去了。但是在昆虫界却有一类小家伙是跟大家很不一样的，那就是食粪虫家族，它们在产完后代后非但不会死去，在来年的春天还会跟自己的子女们一起享受春天的生机，甚至还可以让自己家族的规模再扩大一倍，这是让人感到惊叹的。

> 将食粪虫家族与前面的步甲、蜜蜂及蝶蛾的短暂生命进行对比，强调了食粪虫家族特别的繁殖能力和生存能力。

研究昆虫的人很可能会有这样的经历，就像我一样，起初我花费很多时间和精力去寻找那些让同行们啧啧称赞的昆虫，像是穿着铺满层叠状黑绒的黄色衣服的天使鱼楔天牛，身上闪着黄金和铜器的光芒的雍容高雅的吉丁虫，还有拥有镶着紫水晶绳边的黑色鞘翅的步甲。每当我们一起外出寻找昆虫的时候，如果能够发现这些稀有罕见的种类，发现的人就会有些得意地惊呼一声，其他的人也会随之祝贺，这些昆虫实在太稀少了，能够找到的人着实是幸运的。

到了七八月份的时候，这种情况更为明显。因为这个时候，很多昆虫都因为酷暑不愿从自己的洞穴中走出来，这种高温会让很多昆虫都晕头转向，但是食粪昆虫就不一样，它们整天忙忙碌碌地寻觅着粪便，并且乐此不疲，根本不去理会气温的变化，在炎热的太阳下，它们工作得更加起劲了。后来我发现，我要是想大量地进行实验和观察，就要与这些成群结队的小东西为伍。因为当其他昆虫已经寥寥无几、很难找到时，我依然可以不费吹灰之力地在一堆粪便下面找到成千上万的食粪虫，像是蜉金龟和嗡蜣螂，这些东西有时候多得会让我有一种直接用铲子把它们装进口袋的冲动。

这些小东西之所以能够有这么庞大的家族也有一定的原因。有些昆虫比较稀少，其实并不是因为母亲每次只产下很少数量的卵，而是它们中的很大一部分都被"高贵者只能保留少数"的大自然规则无情地扼杀了。但是这些食粪昆虫就不一样了，<u>也许因为自然界的操控者怜悯它们是地下的滚粪工人，是大自然的清道夫，所以它们躲过了扼杀，在田野或者草原上开心地生活。</u>畜牧业的发达使得它们一直过着富足的生活，所以它们都是小个头的老寿星。我之所以能够大规模地发现这些十分小的昆虫，跟它们的长寿是有很大关系的。那些比较少见的昆虫每次出游都只能跟自己的兄弟姐妹做伴，甚至有的时候只有自己。但是这些食粪虫就不一样了，它们出行的时候，身边不仅有自己的兄弟姐妹，还有自己成群的后代，一簇一簇的。尽管总能看见数量很多的食粪虫群体，但是每当发现一个新的家族时，我还是抑制不住地兴奋。

> 用人性化的笔调描述食粪虫躲过扼杀的原因，亲切生动。

有时候我在想，大自然的操控者是不是一个偏心的家伙，要不然为什么他对乡村那么好，赐给它们两种很强大的清道夫呢？第一种清道夫就是我刚刚说的食粪虫。在乡村里，人们似乎更加随性，更加自然一些。<u>这里没有大城市的那种干净清洁，没有有着浓烈刺鼻的氨气味道的厕所。</u>可能有人会问，那这里的人想要方便的时候该怎么办呢？其实很简单，随便找一排篱笆，一堵围墙，只要蹲下去可以遮羞，那么这个地方就是他想要的。也许这会让很多城市里的人苦恼，他们选择来乡村采风、放松，被开满牵牛花的篱笆吸引，被小围墙底下

> 以城市为比较对象，突出了乡村的自然与美好。

厚厚的青苔吸引，当他们慢慢地靠近这些吸引自己的风景线，低下头想欣赏的时候，可能脸色会大变，因为他们看见了那些恶心粗俗的东西，这时什么欣赏的心情都没有了。但是，如果你第二天抱着侥幸的心理再来看看，就会惊喜地发现，这个地方现在只有让你满心欢喜的风景，只有美丽的花朵，没有任何肮脏的东西，你甚至会怀疑昨天是自己的眼睛出了问题。这些小东西不仅是勤劳的、不嫌脏不嫌累的劳动者，也不仅是把粪料视为美味的贪吃鬼，它们还有一个崇高的任务，就是为人类的健康做出贡献。很多科学家通过研究发现，能威胁到人类健康的最恐怖的因素就在微生物身上，这些跟霉菌有些相像的东西处在生物界的最底层。它们在动物的排泄物中不停地繁衍生息，生殖能力甚至让人感到惊叹。如果不及时处理，这成千上万的微生物就会带着我们知道的和不知道的数不清的病菌散播到各个角落。空气、水、食物，它们能落到的地方都会被污染，人类很难在这种状况下健康地生活。大自然的操控者看到这种状况后，就赐给了人类一个个小家伙，就是这些小小的食粪虫，它们不知疲倦地工作着，为人们创造了一个健康的生活环境。

简洁有力的问答，不容置疑地确定了排泄物留在地面上是不好的。

排泄物留在地面上到底好还是不好？答案可想而知，当然是不好。

还有一种清道夫是分解动物尸体的劳动者。可能有人会怀疑大自然有没有那么多等待分解的动物尸体，其实这样的尸体是很多的。比如，一条正在休息却不幸被踩死的蛇，也许它并没有害过谁，甚至是一个无毒的家伙；还有被农夫翻地时不小心用农具伤害致死的田鼠或是其他小动物；还有那些离开了父母的照看，不小心从树上掉落下来的小雏鸟。这些都是动物的尸体，只是很多时候我们没有注意到而已。我们没有注意，不代表那些喜欢分解、食用动物尸体的小昆虫不会注意，像苍蝇、负葬甲、阎虫这些昆虫，不等尸体发出腐烂的臭味，只要它们一嗅到死亡的气息，就会立刻成群结队地出现。它们首先会把这些动物的尸体分割成自己可以消化的大小，然后细细地品尝，在胃里经过研磨吸收后排泄出来的东西又可以为生命提供养料了，整个循环就这样完美地形成了。如果没有这些勤劳的小家伙，那么尸体腐烂后的恶臭和随之产生的病菌也是让人无法忽略的。但是现在不用为这个担心了，这些小东西会很快地处理完这些尸体。不到一天，尸体就不见了，原来那个令人恐惧的地方现在已经干干净净了。

有时候我会觉得，大自然这样有点偏心。乡村里有这样两种清道夫，人们恐怕永远也不用为了这些粪便或者动物的尸体而烦忧。但是大城市该怎么办呢？我有时候真的很担心那些大城市很快就会被各式各样的垃圾填满，到时候满城恶臭，疫情肆虐。这个大城市里的几百万人口费尽了人力、物力和财力都无法解决的问题，在乡村里反而没有，功劳就在这些勤劳的清道夫身上。

这些清道夫工作的意义是十分重大的。它们把我们眼中的脏东西视为可口的食物，并把这些粪料分解成小块搬运到地下，为自己后代的孵化提供养分，当然，在非孵化时期，这些粪料也是它们自己的食物。它们看见排泄物就忙忙碌碌地把它们搬运到地下，这样病菌就没有办法传播，人们生存环境的健康指数就得到了大大的提升。可是却有很多人非但不对我们可爱的劳动者表示尊重和赞扬，反而给它们起了各种各样难听的名字。这些可怜的小家伙辛辛苦苦地为我们创造良好的生活环境，但是到头来却连最起码的理解都得不到。更过分的是有的动物似乎仗着人类不理解食粪虫这一点，对它们进行大规模的杀戮。

但不管别人的态度怎样或是对它们做了什么不可原谅的事情，都影响不了这些食粪虫对粪便的兴趣。我们这个地区环境的保持主要靠的是粪金龟，说主要靠的是

> 人们对食粪虫的态度与食粪虫本身的行为形成鲜明对比，强调了食粪虫对粪便的极大兴趣。

它们并不是说它们比其他的清道夫更加勤劳，而是它们强壮的体格使得它们所从事的劳动是最辛苦的。通常这种小小的躯体能够完成的劳作量是很让人惊叹的。我家周围就有从事食粪工作的粪金龟，一共有四个种类：具刺粪金龟、突变粪金龟、粪堆粪金龟以及黑粪金龟。相比较而言，前两种类型的粪金龟比较少见，所以我没打算选择它们作为我研究的对象，因为这会大大降低我实验的效率。后面两种粪金龟的外形有点

相似，让我感到十分惊叹的是，在别人眼里从事着这样低下的工作的粪金龟却有着如此华丽的外表——胸前是贵气十足的衣裳，背部乌黑发亮，在这两种粪金龟脸部的下方都佩戴着华丽璀璨的首饰，黑粪金龟拥有的是有着黄铜般灿烂光芒的珠宝，而粪堆粪金龟拥有的是紫水晶一样美丽的珠宝。

> 用首饰和珠宝的华美来具体形象地描摹出粪金龟的华丽外表。

　　我想知道华丽的外表到底有没有让它们在工作中变得同样娇气，于是我挑选了十二只这两个种类的粪金龟，放在同一个饲养瓶里。我事先将饲养瓶中的粪便清理干净了，因为我想计算一下一只粪金龟在固定的时间里能够处理的粪便量。我把它们放进饲养瓶中之后就开始在门口耐心地等待。傍晚时分，一头驴子经过我家门前，并适时地排出了一大坨粪便。我把这些带回去放进饲养瓶里，我估计这些粪便的分量是足够的，对于它们来说甚至是有些庞大的，因为这些粪便被我带回来的时候差不多装了一筐子。我本以为这样大的工作量够它们好好地忙活一阵子，但事实证明我又低估了这些清道夫。第二天早上，我再去饲养瓶前看的时候，我真的怀疑自己昨天下午有没有放进去那么大的一坨粪便，此时玻璃器皿内的土地上只有一点点粪便中的碎屑，这十二位搬运工已经把所有的粪便都搬运到了地下。我大概估算了一下，要是把这坨粪便分成十二等份的话，那么一只粪金龟要搬运到地下的粪料的体积就有大约一立方分米那么大，这对于这个小东西来说简直是不可能完成的任务，但是它就在这样短的时间内完成了，不但完成得很快，而且完成得干净利落。

　　有时候我在想，粪金龟在地下储藏了这么多可口的食物，它们是不是会在一段时间内不再爬出地面了呢？当然不可能。盛夏的阳光可能不是它们的最爱，但是黄昏的静谧可是它们最喜欢的氛围，每每到了这个时候，它们就会成群结队地从自己的洞穴中爬出来。不管洞穴中的食物是不是已经对它们产生了极大的诱惑，这些小虫子似乎对外面的世界有着更大的眷恋，也许是因为这个时候正是觅食的好时刻。黄昏一到，它们就齐齐地从洞里爬出来，我甚至可以听到它们窸窸窣窣的爬行声，这些被我带回来的粪金龟并没有因为环境的改变而改变了自己的这一习惯。我在此之前早已在外面准备好了食物，因为我知道它们这个时候肯定会像往常一样雀跃。它们就这么窸窸窣窣地爬了出来，看见了我准备好的食物，又开始兴高采烈地忙碌起来。第二天早上，这里就像我想象的一样，又变得干干净净了。

用"窸窸窣窣"模拟粪金龟爬行的声音，给读者以极大的想象空间，使读者如临其境。

"爬""看见""忙碌"这一系列的动词，形象地刻画出粪金龟勤劳工作的景象。

如果我手头有很多它们喜欢的食物的话，我想每天的这个时候它们都会如此忙碌。有的时候我有些想不明白，它们要这么多的食物做什么呢？难道它们的食量大到跟它们小小的身躯不成正比？粪金龟每晚都外出奔波，不管自己的洞穴中已经储藏了多少粪料，它们都会辛勤地更新自己的仓库，这到底是为什么呢？眼看着饲养粪金龟的玻璃器皿中的土越来越高，我不得不挖走一些粪料，这样才能保证它们不从这里跑出去。挖开粪料的时候我也得到了我想要的答案，这些小东西的食量根本就不大，我拨开表面的土层，发现下面是厚厚的粪料。实际上粪金龟每次吃的都不多，它们喜欢储藏很多的粪料，每天食用的时候就随机打开一个小仓库，取出其中的粪料作为可口的食物，吃掉一部分，剩余的部分就丢掉了。相比之下，它们丢掉的部分要远远多于吃掉的部分。所以我之前的疑问得到了解答，它们并不是因为自己过于夸张的食量才这么频繁地寻找食物，恰恰相反，它们是食量很小的小家伙。我要想继续清楚地进行自己的观察，就必须把这个玻璃器皿先清扫一下，当然，在清理的过程中，粪料的减少是一个必然的结果，这也是我最初清理这里的原因，但是我留下的粪料还是足以让它们在往后的日子里清闲好一阵子的。可它们并没有因此而落得清闲，尽管白天的时候还是会兴奋地守着自己满仓的食物，但黄昏一到，它们又窸窸窣窣地向外爬，开始了新的搜集、搬运和掩埋的过

粪金龟虽有充足的食物却依旧勤劳，白天与黄昏的对比突出了它们找寻食物的热情。

程。可见，它们对食物的热情远远不及寻找食物的热情，在每天的黄昏中尽情地忙碌并不是以消除饥饿为主要目的，它们更享受发现食物、搬运食物的乐趣。

整个自然界就像一个大家庭，所有的成员之间都有着或多或少的联系，事实上，动物们是给了我们很大帮助的，不管我们注意到还是没有注意到，它们都在以自己的方式为这个家庭做着贡献。从某个角度来说，我们是应该向它们学习的。我们在因饱经风雨而变得有些破旧的门楣上看见一个黄莺的小巢时，会觉得整个门楣显得生机勃勃。蓑蛾也一样，它们的幼虫会用自己翅膀上的鳞片来修葺那些有点残破的小茅屋。其实食粪虫也一样，如果人类可以不用那种可笑的眼光看待粪金龟的工作，那么就很容易发现粪金龟的工作对人类有很大的帮助。首先，由于粪金龟辛勤的劳作，地面上的清洁有了保证；其次，粪金龟的劳作是一个很奇妙的循环，如果我们细心地观察、联想，很容易发现其中的联系。一群大大小小的粪金龟把地面上的粪料忙忙碌碌地搬运到地下埋好，这块土地自然就变得比较肥沃，那么日后长在这片土地上的植物肯定就比较茂盛，那牛羊最爱的禾本科植物一簇一簇茂盛地生长起来后，牛羊就有了良好的食料，这样一来牛羊自然就长得很肥硕，这不正是我们所需要的吗？肥牛肉、羊腿肉，这些都是我们的生活所需要的有营养的食物。

粪金龟搜集粪便不仅仅是盲目地追求量的积累，它们也是一群有智慧的小东西。粪料中有植物需要的养分，也有这些食粪虫需要的养分，但是养分也有保存的条件。比如长期处于潮湿的环境当中，或是长久地曝露在日光之下，粪料里的养分就会流失，不管是对植物还是对这些食粪虫来说，这些粪料就基本没有什么利用价值了。当然，这些小食粪虫也知道这一点，哪样食物对它们是有利的，是可口的，它们都很明白。所以粪金龟在搜集粪料的时候，都会挑选相对新鲜的，因为这样的粪料中富含氮、磷、钾等元素，这样的粪料对它们来说是可口松软的食物，它们会兴奋地窜来窜去，忙忙碌碌地把这些粪料埋在地下，干得热火朝天。可是对于那些被雨水浸泡已久的粪料，或是那些在阳光下曝晒已久的、已经变得干裂的粪料，它们连看都不看，因为这样的粪料对它们来说，根本算不得食物，更谈不上可口，就算埋在地下，也不会对自己或是对土地还有以后生长在这片土地上的植物有什么利益。

粪金龟在搜集粪料的时候不仅要考虑粪料的新鲜程度，还要考虑环境因素，所以有很多人说，粪金龟是一个小的天气预报员。田野里的粪金龟在太阳下山后才会从自己的洞穴中爬出来，但是它们爬出来搜集粪料是有前提的，如果天气很冷，刮起了大风，或是下了雨，它们是不会爬出洞来的，因为这样的天气里粪料不会有什么营养，它们也没有办法在这种天气里好好地寻找粪料。它们需要热烘烘的空气，需要宁静的环境，在这样的天气里它们会成群结队地爬出洞穴，热火朝天地开始寻找新鲜的粪料，看见一块上好的粪料，它们会急切地扑上去。有时候我会被它们憨厚的行为逗得很开心。因为心中很急切，它们会有点控制不好自己的平衡。有时候它们会踉跄地在粪料旁边翻滚，然后才会停下来，兴奋地开始往自己的洞穴里搬运这些新鲜的粪料。

以人性化的笔触生动刻画了粪金龟急切搜集粪料的情形。

这是田野里的粪金龟，那么我的饲养瓶中的粪金龟会怎么样呢？每天傍晚太阳下山后，我都会记录下它们的活动，第二天的时候再记录下当时的天气，然后对比前一天傍晚玻璃瓶中的粪金龟的活动。对照之后我发现，在实验室里的粪金龟虽然看不见外面的世界，也没有什么先进的感应设备，但是它们的行为却是惊人的。第二天如果艳阳高照，那么前一天的黄昏，粪金龟肯定是窸窸窣窣地往外爬，开始把我准备的新鲜的粪料搬运回自己的洞穴里，或是再寻找一个仓库，大小根据它们寻找到的粪料来决定。相反，如果第二天天气不好，或是刮风下雨，或是阴云密布，那么前一天黄昏，整个玻璃瓶里都很安静，这群小家伙似乎集体休假一样，安安静静地一动不动。当然，它们储藏的粪料是足以在天气不好的时候支撑它们很长一段时间的。有的时候，我想跟这些小家伙较较劲，看看到底是谁的判断比较准确。于是，在晚上记录完粪金龟的活动后，我会出去观察当晚的天气状况。有的时候，黄昏的天气很好，我感觉第二天也会是一个好天气，但是这些小小的天气预报员却按兵不动，刚开始的时候我会窃喜，心想这些小东西也有出错的时候。可是往往这种感觉到了半夜就消失了，因为夜里就突然下起了雨或是起了大风。其中最值得提起的一次记录是1894年9月的12日到14日这三天。12日，玻璃瓶里的粪金龟比往常更为兴奋，我以为第二天会是一个好天

> 用"我"的心理活动，侧面表现粪金龟对天气的预测十分准确，表现出"我"与它如对手之间的较量，富有生气。

气，似乎还会是一个特别好的天气。我到自己的屋子外面看了看，外面的粪金龟似乎因为活动的范围大而显得更为疯狂，到处急切地飞，有时甚至会撞到护栏上，栽了跟头又赶紧起飞，比往常更为勤奋地搜集粪料。我以为这只是好天气的预兆。13日依然如此，当时我还不知道其中的蹊跷，只是看着它们比往常更为忙碌地搜寻、搬运粪料。直到14日傍晚，开始不断地有乌云在天空中聚集，在此之前，这些疯狂的小家伙还恨不得一刻也不停地寻找着粪料，但是14日的晚上，它们骤然安静下来了。乌云布满天空后，雨滴就紧跟着掉了下来，一点、两点到绵绵不断，这样的雨天一直持续到18日。这样的雨期对于粪金龟来说是没有办法外出觅食的，怪不得前几天它们异常疯狂地搜集粪料，这是对它们的天气预报能力的一个最好的肯定。

我像赌气似的连续观察了三个月，事实证明，这些食粪虫小小的身体里的确像安装了一个精密的水银气压仪一样，它们对于气压的感知是相当准确的。食粪虫能够预报的不仅是晴天或是雨天的变化，像风暴这样的恶劣天气来临之前它们一样是不安的。粪金龟不仅是很棒的清道夫，为保持我们的生存环境的卫生做出了很大的贡献，而且还能很好地对气压的变化做出反应，如果能对其进行科学的研究，又将产生一个重要的科学应用。

名师赏读

与步甲、蜜蜂等昆虫相比，食粪虫家族的繁殖能力和生存能力更强。它们总是成群结队地外出寻觅粪便，并且乐此不疲。法布尔阐述

了食粪虫分解动物尸体的过程，说明了食粪虫工作的重要意义。它们食用粪料，及时消灭了病菌，为人类创造了一个健康的生活环境。纵然人们对待食粪虫的态度很恶劣，但食粪虫对粪便的兴趣一如既往。

荒石园周围地区的环境卫生的保持主要依靠粪金龟。法布尔研究了粪堆粪金龟和黑粪金龟，它们都有华丽的外表，很享受搜集、搬运和储藏粪料的乐趣，工作高效，它们的食量很小。大自然中的各个物种间都有着千丝万缕的联系。粪金龟的劳作清洁了地面，肥沃了土地，使得粪便等废物得到了利用，实现了生态的良性循环。

小小的粪金龟也很有智慧。它们不是盲目地搜集粪料，而是会考虑粪料的新鲜程度以及天气等环境因素。无论身处田野还是待在饲养瓶中，粪金龟都能够准确地预测天气，并据此来决定自己的行动。我们不应该用轻视的眼光看待粪金龟，而应该认识到它们的价值。

· 配套视频

· 阅读讲解

· 写作方法

· 阅读资料

扫码立领

蝉——用生命歌唱生活

勤　劳

有一个关于蝉的寓言是这么说的：整个夏天，蝉不做一点事情，只是终日唱歌，而蚂蚁则忙于储藏食物。冬天来了，蝉太饿了，只好跑到它的邻居那里借一些粮食。结果它遭到了难堪的对待。骄傲的蚂蚁问道："你夏天为什么不收集一点食物呢？"蝉回答道："夏天我在唱歌，太忙了。""你唱歌吗？"蚂蚁不客气地回答，"好哇，那么你现在可以跳舞了。"然后它就转身不理蝉了。

这个寓言是造谣，蝉并不是乞丐，虽然它需要邻居们的很多照应。每到夏天，它就来到我的门外唱歌，在两棵高大的法国梧桐的绿荫中，从日出到日落，那粗鲁的乐声吵得我头脑昏昏。这种震耳欲聋的合奏，这种无休无止的鼓噪，使人任何东西都想不出来了。

有的时候，蝉与蚂蚁也确实打一些交道，但是它们与前面寓言中所说的刚好相反。

> 生动地写出蝉和蚂蚁的差别，语言活泼有趣。

蝉并不靠别人生活。它从不到蚂蚁门前去求食，相反地，倒是蚂蚁会为饥饿所驱来乞求这位歌唱家。我不是说乞求吗？这句话还不确切，其实它是厚着脸皮去抢劫的。

七月时节，当我们这里的昆虫为口渴所苦，失望地在已经枯萎的花上跑来跑去寻找饮料时，蝉依然很舒服，不觉得痛苦，它会用它突出的嘴——一个精巧的吸管刺穿饮之不竭的圆桶。它坐在树的枝头，不停地唱歌，只要钻通柔滑的树皮，里面有的是汁液，把吸管插进桶孔，它就可以饮个饱了。

如果稍等一下，我们也许就可以看到它遭受到的意外的烦扰。因为邻近很多口渴的昆虫，立刻发现了蝉的井里流出的浆汁，都跑去舔食。

这些昆虫大都是黄蜂、苍蝇、玫瑰虫等，其中数量最多的是蚂蚁。

身材小的昆虫想要到达这个井边，就会偷偷从蝉的身底爬过，而主人却很大方地抬起身子，让它们过去。大的昆虫，抢到一口，就赶紧跑开，走到邻近的枝头，而当它们再转回头来时，胆子就比之前大了，它们忽然就成了强盗，想把蝉从井边赶走。

最坏的强盗要算蚂蚁了。我曾见过它们咬紧蝉的腿尖，拖住它的翅膀，爬上它的后背，甚至有一次，一个凶悍的强盗，竟当着我的面，抓住蝉的吸管，想把它拔出来。

> "咬""拖""爬""抓"等动词，准确、形象地描摹出蚂蚁的强盗行径。

最后，麻烦越来越多，无奈之下，这位歌唱家抛开自己所钻的井，悄然逃走了。于是蚂蚁的目的达到，占有了这个井。不过这个井也干得很快，浆汁立刻被喝光了。

于是它们再找机会去抢劫别的井，以图第二次痛饮。

你看，事实不是与那个寓言相反吗？蚂蚁是顽强的乞丐，而勤苦的生产者却是蝉哪！

我有很好的环境可以研究蝉的习惯，因为我是与它同住的。七月初，它就占据了我屋子门前的那棵树。我是屋里的主人，在门外，它就是最高的统治者，不过它的统治无论怎样，总是不会让人觉得舒服。

蝉初次被发现是在夏至。在行人很多、有太阳光照着的道路上，有好些圆孔与地面相平，大小约如人的手指。在这些圆孔中，蝉的幼虫从地底爬出来，在地面上变成完全的蝉。它们喜欢特别干燥而且阳光充沛的地方，因为它们有一种有力的工具，能够刺透焙过的泥土与沙石。

脱　壳

当我考察它们的储藏室时，我是用手斧来开掘的。

最引人注意的就是这个两三厘米口径的圆孔，四周一点尘埃都没有，也没有泥土堆积在外面。大多数掘地昆虫，例如金蜣，在它的巢外面总有一个土堆。蝉与此不同，是由于它们的工作方法不同。金蜣的工作是从洞口开始的，所以把掘出来的废料堆积在地面；但蝉的幼虫是从地底下上来的，它们最后的工作才是开辟门口的生路，因为当初并没有门，所以它是不在门口堆积尘土的。

蝉的隧道大都深约四分米，一直通行无阻，下面的部分较宽，但是底端却完全关闭起来。在做隧道时，泥土被搬到哪里去了呢？为什么墙壁不会崩裂下来呢？谁都以为蝉是用有爪的腿爬上爬下的，而这样却会将泥土弄塌了，把自己的进出通道塞住。

把蝉挖洞的举措比作矿工或是铁路工程师的举措，使蝉的行为更容易让人理解。

其实，它的举措简直像矿工或是铁路工程师一样。矿工用支柱支撑隧道，铁路工程师利用砖墙使地道坚固。蝉的聪明同他们一样，它在隧道的墙上涂上泥浆。这种黏液是藏在它身子里的，地穴常常建筑在含有汁液的植物根须上，它可以从这些根须中取得汁液。

能够很容易地在穴道内爬上爬下对蝉来说是很重要的，因为当它爬出去到日光下的时候，它必须知道外面的天气如何。所以它要工作好几个星期，甚至几个月，才能做成一道坚固的墙壁，便于它上下爬行。在隧道的顶端，它留着一指厚的一层土，用以抵御外面天气的变化。只要有一些好天气的消息，它就爬上来，利用顶上的薄盖测知天气的状况。

假使它估计到外面有雨或风暴——特别是当纤弱的幼虫蜕皮的时候，这是最重要的时候——它就小心谨慎地溜到隧道底下了。

但是如果天气看来很温暖，它就用爪击碎天花板，爬到地面上来了。

在蝉肿大的身体里面，有一种液汁，当它掘土的时候，会将液汁倒在泥土上，使其成为泥浆，于是墙壁就更加柔软了。然后，幼虫用它肥重的身体压上去，便把烂泥挤进干土的缝隙里了。因此，当蝉在顶端出口处被人发现时，身上常有许多泥点。

蝉的幼虫出现在地面上时，常常在附近徘徊，寻找适当的地点——一棵小矮树，一丛百里香，一片野草叶，或者一枝灌木枝——蜕掉身上的皮。找到后，它就爬上去，用前爪紧紧地握住，丝毫不动。

于是它外层的皮开始由背上裂开，里面露出淡绿色的身体。它的头先出来，接着是吸管和前腿，最后是后腿与翅膀。此时，除了身体最后的尖端，身体几乎完全蜕出了。

然后，它会表演一种奇怪的体操：身体腾起在空中，只有一部分固着在旧皮上；翻转身体，使头向下；花纹满布的翼向外伸直，竭力张开。接着它用一种差不多看不清的动作，尽力将身体翻上来，并用前爪钩住它的空皮，把身体的尖端从鞘中蜕出。全部的过程大约需要半个小时。

> "腾起""固着""翻转""伸直""张开""蜕出"等动词，准确地描绘出蝉表演的"奇怪的体操"。

在短时期内，这个刚被释放的蝉，还不十分强壮。它那柔软的身体，在具有足够的力气和漂亮的颜色以前，必须在日光和空气中好好地沐浴。它只用前爪挂住已蜕下的壳，摇摆于微风中，依然很脆弱，它的身体依然是绿色的。直到变成棕色，它才同平常的蝉一样。假定它在早晨九点爬上树枝，大概在十二点半，它才弃下它的皮飞去。那壳有时挂在枝上有好几个月之久。

歌　唱

金蝉脱壳后，一位歌唱家诞生了。

无论你是否讨厌它的歌声，你都必须承认，蝉是一位用生命歌唱生活的伟大的歌唱家。其热爱生活的程度不亚于人类。蝉是非常喜欢唱歌的，它翼后的空腔里带

> 把蝉比作"伟大的歌唱家"，突出它一生都在歌唱的特点，形象生动。

有一种像钹一样的乐器。它还不满足，还要在胸部安置一种响板，以增加声音的强度。的确，蝉为了满足歌唱的嗜好，牺牲了很多。因为有这种巨大的响板，蝉的生命器官都无处安置，它只得把它们压紧到身体最小的角落里。当然了，它要献身于音乐，就只有缩小内部的器官来安置乐器了。

当天气炎热，空中没风，特别是临近中午时，蝉的歌声就会间歇地

发出，中间由短暂的休止符分开。每段歌声都是突然而起，急速升高，蝉的腹部也开始快速收缩。洪亮的歌声持续几秒钟，渐渐降低，最后变成了呻吟，蝉的腹部也就休息了。歌声间隔的时间长短随空气的变化而定，下一次突起的歌声永远都重复着前面的唱词，蝉就这样无休止地重复唱着。

有时，特别是闷热的傍晚，蝉被太阳晒得头昏脑涨，便缩短了歌声间隔的时间，甚至一直不停地唱下去，但强弱交替总是有的。蝉一般从早晨七八点开始唱起，直到夜幕沉沉时才会停止，整场音乐会持续十二个小时左右。不过，阴天或凉风吹来时，蝉不歌唱，显得很安静。

那么蝉歌唱的目的是什么呢？有人说，这是雄蝉在召唤伴侣，是为情人举办的音乐会。但我对这个答案的合理性表示怀疑。

十五年来我一直选择和蝉为邻，虽然我讨厌它们的歌声，但却一直热情仔细地观察它们。我看见它们栖息在梧桐树树枝上，仰着头，雌雄混杂，近在咫尺。一旦把吸管插进树皮，它们就美滋滋地吸起来，一动不动。日转树影移，它们也绕着树移动，但总是朝最热最亮的方向移动。不管在吸吮时还是移动时，蝉的歌声一直不断。

所以，我怀疑这无休无止的歌唱并不是对爱情的召唤。

我从没看到雌蝉听到歌声跑向最洪亮的乐队里去。当情人们尽情奏响音钹时，我也从没有发现雌蝉做出过任何满意的举止，丝毫没有扭动或摇摆等表示爱意的动作。

当地的村民说，蝉的歌声是为了给收割的他们鼓劲，希望他们赶快收割。获取思想的人和获取庄稼的人一样，都需工作，一个是为了智慧的面包，一个是为了生命的面包。我只能说这是他们善意的臆说。

科学家希望解开这个谜，但蝉对我们人类是全封闭的，根本不让我们捉摸它，我们也无法捉摸透它，甚至连音钹发出的声音在蝉身上产生的感受我们都无法猜透。我只能下这样的结论：雌蝉无动于衷的外表似乎只能表明它对歌声无所谓，昆虫的内心情感比我们人类更深不可测。

蝉的视觉非常锐利，它大大的复眼能观察到左右两边发生的事情，它的三只单眼好像望远镜，能观测到头上的空间。只要看见我们走近，蝉就会马上展翅而飞。但如果我们站在它看不到的地方，我们说话、吹哨、抬手，甚至以石块相击，它也不会有任何动作，而是继续鸣叫，由此可见蝉的听觉很迟钝。

我做过多次实验，这里只提最难忘的一次。

我借了镇上的炮，就是节日里鸣放礼炮用的炮，然后像在盛大节日狂欢时那样在两座炮里塞满火药，为了避免震碎玻璃，我把窗户敞开。根本无须伪装，我把炮放在我家门口的梧桐树下，在树上高歌的蝉没有看到树下发生的事。

我和几个昆虫爱好者朋友仔细观察了歌手的数量、歌声的嘹亮程度和旋律，时刻注意观察空中歌唱家们会发生什么变化。开炮后巨大的爆炸声并没有改变蝉的歌唱，也未引起它们情绪的波动，蝉数未变，歌声依旧。我又放了第二炮，情况还是一样。蝉的听觉如此迟钝，再大的声音也不会惊吓到它。

假如有人向我说，蝉的歌声不是为了繁育后代，仅仅是为了解闷，为生活中的某种情趣，我会乐意接受。或许蝉像我们人类一样离不开太阳，但同样讨厌闷热的天气，而它正是通过歌唱解闷的。但这并未被科学证实，我希望你们将来有能力来证明。

合唱队成员

七月中旬，盛夏刚刚开始，天已热得不行了。我一个人，趁着晚上九点天气比较凉爽，待在黑暗的角落，倾听着美丽而简朴的田野音乐会。

夜已深，蝉已不再鸣叫，它白天沉醉于阳光的炎热之中，尽情地高唱了一天，夜晚来临，也该休息了。但是，它的睡梦常常会被惊扰。从梧桐树浓密的树枝里，突然传出呼救似的短促而尖锐的叫声。这是蝉在静静地休息时，被突然袭来的狂热的夜间狩猎者绿色蝈蝈儿抓住时所发出的绝望的哀号。蝈蝈儿向它扑去，把它拦腰揪住，吃掉它。当倒霉的蝉在垂死挣扎的时候，梧桐树林中的歌唱还在进行。但是，演唱者已经换了人，轮到晚间的艺术家上场了。听觉灵敏的人能听到在弱肉强食的

草莽之地，绿叶<u>丛</u>中，蝈蝈儿在窃窃细语。

蝈蝈儿的鸣叫声很像滑轮的响声，一点都不引人注意，又像是干皱的薄膜隐约作响的声音。在这连续不断的低音中，不时发出一声非常急促、近乎金属碰撞般的清脆响声，这便是蝈蝈儿歌唱的特点。它的歌声之间有短暂的停歇，还有一些伴唱。

> 连续用两个比喻句，分别以"滑轮的响声"和"薄膜隐约作响的声音"做比喻，形象地描绘了蝈蝈儿叫声的特点。

尽管合唱的低音得到了加强，但还不够出色。虽然我耳边有十来个蝈蝈儿在演唱，可它们的声音太弱，我迟钝的耳膜常常捕捉不到这微弱的声音。然而，当田野蛙声和其他虫鸣暂时沉寂时，我能听到的一点点歌声却非常柔和，与苍茫夜色中的静谧气氛十分协调。

绿色的蝈蝈儿啊，如果你拉的琴再响亮一点，你就是比声嘶力竭的蝉更胜一筹的歌手了！不过，你永远比不上你的邻居，摇着铃铛的蟋蟀，它在梧桐树下发出丁零零的声音。在荒石园的两栖类居民中，它体形最小，却最擅长远足。当我漫步在傍晚暮色沉沉的荒石园中时，不知多少次遇到过它。

忽然，在我脚前有什么东西逃向一旁，翻着跟头滚动，打断了我的沉思。是被风吹动的落叶吗？不是，是小铃蟾，我惊扰了它的旅行。它匆匆藏在一块石头、一块土块或一束小草下面，让自己激动的情绪平复下来，随即又发出清脆的铃声。

园中约有一千只铃蟾，它们一个比一个唱得欢。它们大都蜷缩在花盆中间，花盆一行行摆放得很紧密，在我的家门前形成一个花坛。铃蟾在起劲地唱，有的声音低沉<u>些</u>，有的尖锐些，但都短促、清晰，深深钻进我的耳朵，音质非常清纯。<u>这个叫一声"克吕克"；那个喉咙细一些，回应了一声"克力克"</u>；第三个是男高音，唱了一声"克洛克"。

> "克吕克""克力克""克洛克"分别摹写出不同铃蟾的叫声，形象而逼真，让人如同身临其境。

就这样，像节假日村里钟楼上的排钟那样，园中一直重复着"克吕克——克力克——克洛克"的响声。

这首铃蟾歌没头没尾，但清纯质朴，十分悦耳，自然界中的音乐节目都是如此。

在七月暮色里的歌手中，只有一位可以跟铃蟾那和谐的铃声比试高低，它就是长耳鸮，别称"小公爵"的夜间猛禽。这小家伙生着金黄的大眼睛，模样优雅。它的额头上有两根羽毛触角，因而被当地人称为"带角猫头鹰"。它的歌声单调得令人起腻，可是很响亮，在夜间万籁俱寂时，光是这一种歌声就可以响彻夜空。这种鸟连续几个小时对着月亮发出"去欧——去欧"的声音，节拍一直不变。

不时从远处传来好像猫叫般的声音，跟这柔和的乐声形成对照，这是猫头鹰求偶时的鸣叫。猫头鹰整个白天蜷缩在橄榄树洞里，直待夜幕降临才出来吟唱。它像荡秋千似的一上一下地飞翔，来到荒石园边的老松树上，把它猫叫般的不协调的音符加入到田野音乐会里，不过由于距离稍远，声音还不太大。

以"荡秋千"和"猫叫"分别形容猫头鹰飞翔的样子和鸣叫声，生动传神。

苍白细瘦的意大利蟋蟀，虽然身材不大，却好像背着小羊皮鼓，它在夜里唱出的抒情曲远远超过了蝈蝈儿。

它那么纤弱，我都不敢下手去抓，唯恐捏碎了它。当萤火虫为了增添音乐会的气氛，点燃蓝色的小灯笼时，意大利蟋蟀便从四面八方来到迷迭香上参加合唱。

这纤弱的演唱者有细薄的大翅膀，像云母片一样闪闪发光。凭借着这一利器，它的声音大得盖住了蟾蜍单调忧郁的歌，很像普通黑蟋蟀的歌声，但更响亮，更具强烈的颤音。

荒石园音乐会中最出色的演出者就是这几位：长耳鸮独唱忧伤的爱情歌曲，铃蟾是奏鸣曲的敲钟者，拨动小提琴E弦的是意大利蟋蟀，以及敲着小小三角铁的绿色蝈蝈儿。在这一片喧闹中，绿色蝈蝈儿的声音细得听不清，只有四周短暂安静一会儿时，我才能听到一阵阵细微的声音。它的发音器官只是一个带刮板的小扬琴。

名师赏读

夏天，蝉在枝头不知疲倦地鸣叫，不会为了食物而发愁。它们用精巧的吸管钻通树皮，痛饮里面的汁液。蝉的幼虫身处深约四分米的地下，它们挖出一条通往地面的隧道，从地下钻出来，找一个合适的枝丛爬上去待着不动，然后开始蜕皮——背部的外皮先裂开，头、吸管、前腿、后腿、翅膀、身体的后部相继脱壳而出，脱壳后，蝉的身体起初是绿色的，柔软脆弱，等变成棕色时，它就成为真正的蝉了。

法布尔将蝉比作歌唱家，描述了蝉歌声的特点，但它们歌唱的目的却是一个谜。深夜，视觉敏锐、听觉迟钝的蝉不再鸣叫。绿色蝈蝈儿趁蝉歇息时向它们发起突袭，蝉便非常不幸地成了蝈蝈儿的美餐。荒石园正举办一场音乐会，蝈蝈儿、铃蟾、长耳鸮、猫头鹰、意大利蟋蟀等热情地进行着大合唱。

昆虫的内心情感或许比我们人类的更深不可测，每一种动物都有自己的"绝活"。蝉一生的意义或许就在于能像个歌唱家一样尽情歌唱。

有趣的《昆虫记》

　　《昆虫记》这本书使我十分着迷，原来昆虫世界有这么多奥秘！通过阅读这本书，我知道了蝉是怎样脱壳的，屎壳郎是如何滚粪球的……

　　第一次读《昆虫记》，我就被它深深地吸引了。这是一部描述昆虫们生育、劳作、狩猎与死亡的科普书。平实的文字，清新自然；幽默的叙述，惹人捧腹……各种各样的虫子翩然登场，展示了多么奇异、有趣的故事呀！螳螂是一种外表优雅的昆虫，然而它性情凶残，甚至会吃掉同类。蜘蛛能织出规则而美丽的网，"即使用了圆规、尺子之类的工具，大概也没有一个设计师能画出一个比这更规范的网来"。我看着看着，这些动物的生活渐渐地清晰起来，我思考着：如果我们保护环境，不污染环境，这些动物是不是会永远存在呢？这一次的阅读，为我打开了一扇全新的门。

　　当我再次阅读《昆虫记》时，我看到法布尔细致入微地观察毛虫的旅行，我看到他一次次在泥蜂巢穴外布下"迷魂阵"，我看到他大胆假设、谨慎实验、反复推敲实验过程与数据，一步一步研究泥蜂是靠什么找到回家的路的……一次实验失败了，他便收集数据、分析原因，转身又设计下一次实验。严谨的实验方法，大胆的质疑精神，勤勉的工作作风，这一切，让我感觉到了科学精神及其博大精深的内涵。

我叹服法布尔为探索大自然付出的精神。我明白了昆虫与环境是息息相关的，也感受到了作者写作的独具匠心和观察的细致入微。

《昆虫记》让我开阔了眼界，我看待问题的角度不一样了，理解问题的深度也超越以往。我觉得《昆虫记》是值得一生阅读的好书。我想无论是谁，只要认真地读读《昆虫记》，都会受益匪浅。

考试真题回放

1 山东淄博卷 ••

下列说法有误的一项是（　　　）。

A. 诗歌偏重于抒情言志，诗歌的情感往往寄托在鲜明独特的意象上，通过意象营造出生动感人的意境

B. 杨绛先生于2016年5月25日辞世。她在叙事散文《老王》中记叙了与老王的交往经历，表达了她对老王深切的愧怍之情，也表现了一个知识分子可贵的自省精神

C. 古代跟年龄相关的称谓很多。如"垂髫"指小孩；"花甲"指六十岁的老人；"弱冠"，指年已二十的成年男子

D. 法国博物学家布封的《昆虫记》，既是优秀的科普著作，也是公认的文学经典。课文《马》即选自其中

2 湖北黄石卷 ••

《昆虫记》是法布尔耗尽一生的光阴而创造的奇迹，被誉为"＿＿＿＿＿＿＿＿＿＿＿＿＿＿＿＿＿"。书中除了真实记录昆虫的生活，还透过昆虫世界折射出社会人生。全书充满了对＿＿＿＿＿＿＿的关爱和对自然万物的赞美之情。

3 江苏南京卷 ••

阅读下面的材料，并回答下列问题。

看起来，螳螂这个精心安排设计的作战计划是完全成功的。那只开始时天不怕、地不怕的蝗虫果然中了螳螂的妙计，真的把它当成什么凶

猛的怪物了。当蝗虫看到螳螂的这副奇怪的样子以后，当时就有些吓呆了，它紧紧地注视着面前的这个怪里怪气的家伙，一动也不动，在弄清来者是谁之前，它是不敢轻易地向对方发起什么攻势的。这样一来，一向善于蹦来跳去的蝗虫，现在竟然一下子不知所措了，甚至连马上跳起来逃跑也想不起来了。可怜的蝗虫害怕极了，怯生生地伏在原地，不敢发出半点声响，生怕稍不留神，便会命丧黄泉。在它最害怕的时候，它甚至莫名其妙地向前移动，靠近了螳螂。它居然如此恐慌，到了自己要去送死的地步。看来螳螂的心理战术是完全成功了。

当那只可怜的蝗虫移动到螳螂刚好可以碰到它的地方的时候，螳螂就毫不客气、一点也不留情地立刻动用自己的武器，用那有力的"掌"重重地击打那个可怜虫，重重地、不留情面地击打对方的颈部，再用那两条锯子用力地把它压紧。于是，那个小俘虏无论怎样顽强抵抗，都没有用了。在被猛烈地痛捶之后，再加上先前万分的恐惧，蝗虫的行动能力逐渐下降，动作变得迟缓，也许是因为已经被打蒙了吧。这种办法既有效又非常实用，螳螂就是利用这种办法，屡屡取得战斗的胜利。接下来，这个残暴的魔鬼胜利者便开始咀嚼它的战利品了，它肯定是会感到十分得意的。就这样，像秋风扫落叶一样地对待敌人，是螳螂永不改变的信条。不过，最让人感到奇怪的是，这么一只小个子的昆虫，竟然是一种十分贪吃的动物，能吃掉很多很多的食物。

（1）请用简洁的语言概括以上材料的主要内容。

_____

_____

_____

（2）"螳螂这个精心安排设计的作战计划"是什么？请简述。

_____

_____

_____

（3）请结合文段内容说说螳螂的习性。

_____

_____

_____

_____

❹ 陕西平梁卷 ••••••••••••••••••••••••••••••••••

阅读下面的材料，并回答下列问题。

　　有一个关于蝉的寓言是这么说的：整个夏天，蝉不做一点事情，只是终日唱歌，而蚂蚁则忙于储藏食物。冬天来了，蝉太饿了，只好跑到它的邻居那里借一些粮食。结果它遭到了难堪的对待。骄傲的蚂蚁问道："你夏天为什么不收集一点食物呢？"蝉回答道："夏天我在唱歌，太忙了。""你唱歌吗？"蚂蚁不客气地回答，"好哇，那么你现在可以跳舞了。"然后它就转身不理蝉了。

　　这个寓言是造谣，蝉并不是乞丐，虽然它需要邻居们的很多照应。每到夏天，它就来到我的门外唱歌，在两棵高大的法国梧桐的绿荫中，从日出到日落，那粗鲁的乐声吵得我头脑昏昏。这种震耳欲聋的合奏，这种无休无止的鼓噪，使人任何东西都想不出来了。

　　有的时候，蝉与蚂蚁也确实打一些交道，但是它们与前面寓言中所说的刚好相反。

　　蝉并不靠别人生活。它从不到蚂蚁门前去求食，相反地，倒是蚂蚁会为饥饿所驱来乞求这位歌唱家。我不是说乞求吗？这句话还不确切，其实它是厚着脸皮去抢劫的。

　　七月时节，当我们这里的昆虫为口渴所苦，失望地在已经枯萎的花上跑来跑去寻找饮料时，蝉依然很舒服，不觉得痛苦，它会用它突出的嘴——一个精巧的吸管刺穿饮之不竭的圆桶。它坐在树的枝头，不停地唱歌，只要钻通柔滑的树皮，里面有的是汁液，把吸管插进桶孔，它就可以饮个饱了。

如果稍等一下，我们也许就可以看到它遭受到的意外的烦扰。因为邻近很多口渴的昆虫，立刻发现了蝉的井里流出的浆汁，都跑去舔食。这些昆虫大都是黄蜂、苍蝇、玫瑰虫等，其中数量最多的是蚂蚁。

身材小的昆虫想要到达这个井边，就会偷偷从蝉的身底爬过，而主人却很大方地抬起身子，让它们过去。大的昆虫，抢到一口，就赶紧跑开，走到邻近的枝头，而当它们再转回头来时，胆子就比之前大了，它们忽然就成了强盗，想把蝉从井边赶走。

最坏的强盗要算蚂蚁了。我曾见过它们咬紧蝉的腿尖，拖住它的翅膀，爬上它的后背，甚至有一次，一个凶悍的强盗，竟当着我的面，抓住蝉的吸管，想把它拔出来。

最后，麻烦越来越多，无奈之下，这位歌唱家抛开自己所钻的井，悄然逃走了。于是蚂蚁的目的达到，占有了这个井。不过这个井也干得很快，浆汁立刻被喝光了。

于是它们再找机会去抢劫别的井，以图第二次痛饮。

你看，事实不是与那个寓言相反吗？蚂蚁是顽强的乞丐，而勤苦的生产者却是蝉哪！

我有很好的环境可以研究蝉的习惯，因为我是与它同住的。七月初，它就占据了我屋子门前的那棵树。我是屋里的主人，在门外，它就是最高的统治者，不过它的统治无论怎样，总是不会让人觉得舒服。

蝉初次被发现是在夏至。在行人很多、有太阳光照着的道路上，有好些圆孔与地面相平，大小约如人的手指。在这些圆孔中，蝉的幼虫从地底爬出来，在地面上变成完全的蝉。它们喜欢特别干燥而且阳光充沛的地方，因为它们有一种有力的工具，能够刺透焙过的泥土与沙石。

（1）本文选自_____，作者是_____国的_____，本书被誉为_____。

（2）在本文开头，作者先讲了一个寓言，这个寓言有什么作用？请做简要分析。

_____

_____

_____

📖 阅读自我测试

❶ 填空题。

（1）《昆虫记》也叫作_____、_____，是_____国杰出昆虫学家_____的传世佳作。它不仅是一部科学百科，也是一部文学巨著。法布尔被世人称为_____、_____。《昆虫记》的成功为他赢得了"科学界诗人"的美名。

（2）_____（人名）将昆虫鲜为人知的习性生动地揭示出来，使人们得以了解昆虫真实的生活情景。如_____善于建造固定的巢穴；_____善于利用心理战术制服敌人。

❷ 选择题。

（1）关于萤火虫，以下说法错误的是（　　　）。

A. 萤火虫的卵在雌性萤火虫肚子里时就是发光的

B. 两条发光的宽带是雌萤发育成熟的标志

C. 雌萤在交尾期如果受到强烈的惊吓，光带的发光能力会受到严重影响

D. 雄萤有调控自己发出的光亮的能力

（2）下面说法正确的是（　　　）。

A. 蟋蟀的洞穴不豪华，而且很粗糙

B. 蟋蟀擅长建造住所，经常搬家

C. 蟋蟀的建筑技术远胜于其他动物，就连人类也没有它高明

D. 蟋蟀愿意在排水条件优良、阳光充足的地方安家

❸ 阅读短文，回答问题。

蟋蟀很愿意挑选那些排水条件优良，并且有充足而且温暖的阳光照

射的地方，凡是这样的地方，都被视为佳地，要优先考虑。蟋蟀宁可放弃那种天然的洞穴，因为，那些洞都不合适，而且它们都十分简陋，没有安全保障，有时其他条件也很差。总之，那种洞不是首选。蟋蟀要求自己的别墅每一处都必须是自己亲手挖掘而成的，从大厅一直到卧室，无一例外。

除去人类，至今我还没有发现哪种动物的建筑技术比蟋蟀更加高超。

……

在我住所附近的地区，生活着另外三种不同的蟋蟀。

这三种蟋蟀，无论是外表、颜色，还是身体的构造，和一般田野里的蟋蟀都是非常相像的。人们刚一看到它们，就经常把它们当成田野中的蟋蟀。然而，就是这些由一个模子刻出来的同类，竟然没有一个晓得究竟怎样才能为自己挖掘一个安全的住所。

其中，有一种身上长有斑点的蟋蟀，它只是把家安置在潮湿地方的草堆里边；还有一种十分孤独的蟋蟀，它在园丁们翻土时弄起的土块上寂寞地跳来跳去，像一个流浪汉一样；而更有甚者，如波尔多蟋蟀，甚至毫无顾忌、毫不恐惧地闯到了我们的屋子里来，而不顾主人的意愿。从八月份到九月份，它独自待在那既昏暗又凉爽的地方，小心翼翼地唱着歌。

在那些青青的草丛之中，常常隐藏着一条有一定倾斜度的隧道。在这里，即便是下了一场滂沱的暴雨，地面也会立刻就干了。这条隐蔽的隧道，最多不过有九寸深的样子，宽度也就像人的一根手指头那样。隧道按照地形的情况和性质，或是弯曲，或是垂直。差不多如同定律一样，总是要有一簇草把这间住屋半遮掩起来，其作用是很明显的，它如同一个罩壁一样，把进出洞穴的孔道遮蔽在黑暗之中。蟋蟀在出来吃周围的青草的时候，绝不会去碰一下这一簇草。那微斜的门口，被仔细用扫帚打扫干净，收拾得很宽敞。这里就是它们的一座平台。

（1）短文选自＿＿国昆虫学家＿＿＿＿＿＿的《昆虫记》。

（2）蟋蟀出来吃草，它不吃洞口的那簇草的原因是＿＿＿＿＿。

（3）读了短文，你认为蟋蟀的住宅有什么特点？

_____

（4）《昆虫记》透过昆虫世界折射出了社会人生，结合短文说说蟋蟀给你较大触动的方面有哪些。

_____

（5）《昆虫记》被誉为"昆虫的史诗"，这离不开作者的功劳，你从作者身上得到了哪些启示？

_____

（6）《昆虫记》为什么能成为公认的文学经典？结合短文加以分析。

_____

_____

···· 参考答案 ····

考试真题回放

❶ D

❷ 昆虫的史诗　生命

❸ （1）材料主要记叙了螳螂捕食的情景。

（2）摆出凶猛的姿态威慑敌人，使其自乱阵脚，不战自败。

（3）螳螂是一种贪吃的、食肉的昆虫，并且善于利用"心理战术"制服敌人。例如：当蝗虫看到螳螂的这副奇怪的样子以后，当时就有些吓呆了，它紧紧地注视着面前的这个怪里怪气的家伙，一动也不动。

❹ （1）《昆虫记》　法　法布尔　"昆虫的史诗"

（2）首先，这个寓言故事起到了引起下文的作用，以寓言故事开头，引起了下面要讲的蚂蚁抢蝉的水源的故事。其次，这个寓言故事和后面作者看到的实际情况完全相反，因此作者通过反驳寓言内容，达到了为蝉正名的效果。

阅读自我测试

❶ （1）《昆虫学札记》　《昆虫物语》　法　法布尔　"昆虫世界的荷马"　"昆虫世界的维吉尔"

（2）法布尔　蟋蟀　螳螂

❷ （1）C

（2）D

❸ （1）法　法布尔

（2）那簇草可以遮蔽洞的出口

（3）排水条件优良、向阳、隐蔽、干燥、有门、有平台。

（4）a.聪明，如：蟋蟀会把住宅建在隐蔽的地方。b.勤劳，如：蟋蟀要求自己的别墅每一处都必须是自己亲手挖掘而成的。c.能根据情况的变化而采取不同的行动，如：蟋蟀的隧道按照地形的情况和性质，或是弯曲，或是垂直。d.善于管理家务，如：蟋蟀会将住宅门口打扫干净，门口被收拾得很宽敞。

（5）人应当拥有热爱大自然、热爱微小生命的生活态度，有严谨细致、实事求是的工作作风。

（6）《昆虫记》行文生动活泼，语调轻松诙谐，充满了盎然的情趣。如，作者把蟋蟀的住宅比作"别墅"，生动形象；蟋蟀挖掘洞穴的过程，就像一个人在精心建造自己的住房。

我的阅读记录卡

学校：　　　　　　班级：　　　　　　姓名：

浅阅读：

☆《昆虫记》中记述了很多种昆虫，你记住了哪些？请至少列举五种。

☆哪一种昆虫给你留下的印象最深刻？为什么？

☆选一处你做了标记的地方，说一说做标记的理由。

深阅读：

☆法布尔发现了很多不为人知的昆虫的"秘密"，这主要源于他的哪些精神品质？谈谈你的体会。

☆通过这本书，你学到了什么？请结合书中的具体内容谈谈。

让名家经典为你搭建阅读的桥梁

·本书专属二维码：为每一本正版图书保驾护航·

📹 **配套视频：** 本书内容随时回顾。

📖 **阅读讲解：** 教你如何阅读名著。

📝 **写作方法：** 写人丰满生动，写事引人入胜！

📁 **阅读资料：** 领取阅读技巧，带你看懂作者意图！

 扫码添加

智能阅读向导